L'AGRICULTURE

ET

L'INDUSTRIE

DEVANT

LA LÉGISLATION DOUANIÈRE

PAR

J. DE NOAILLES DUC D'AYEN

PARIS

LIBRAIRIE AGRICOLE	GUILLAUMIN ET Cⁱᵉ
De la Maison Rustique	LIBRAIRES-ÉDITEURS
26, RUE JACOB, 26	14, rue Richelieu, 14

1881

L'AGRICULTURE

ET

L'INDUSTRIE

L'AGRICULTURE

ET

L'INDUSTRIE

DEVANT

LA LÉGISLATION DOUANIÈRE

PAR

J. DE NOAILLES DUC D'AYEN

<hr>

PARIS

IMPRIMERIE DE *L'ÉTOILE*

1, RUE CASSETTE, 1

BOUDET, DIRECTEUR

1881

L'AGRICULTURE

ET

L'INDUSTRIE DEVANT LA LÉGISLATION DOUANIÈRE

I. — LES PRINCIPES ET LES FAITS.

La discussion sur le tarif des douanes est close et la loi votée. L'une et l'autre ont-elles donné ce qu'elles semblaient promettre ou ce qu'on pouvait espérer?

Il est permis d'en douter. Les décisions prises ne sauraient être considérées comme des solutions complètes et définitives. Il peut donc être utile de résumer les points principaux de la discussion soutenue, soit dans les assemblées, soit dans la presse ou dans les sociétés savantes et spéciales, et de continuer l'étude d'une question qui touche à de si grands et de si nombreux intérêts.

Le débat sur la législation douanière se divise naturellement, comme beaucoup d'autres, en questions de principes et en questions d'intérêts généraux et privés. Mais quelque méthode d'exposition qu'on adopte et quelques efforts que l'on fasse, il est bien difficile d'être clair et de ne pas s'égarer au milieu des infinies complications du sujet. Car ici les principes ne paraissent pas moins contradictoires entre eux que les intérêts en jeu, les arguments, les faits et les chiffres allégués de part et d'autre.

Dès l'abord, la question n'a-t-elle pas un double aspect? Au point de vue des consommateurs, comment n'être pas libre-échangiste? Au point de vue des producteurs, peut-on s'empêcher d'être protectionniste? Puis, comme il n'y a guère de consommateur qui ne soit en même temps producteur, l'embarras devient extrême.

(1) Extrait de la *Revue des Deux-Mondes*, mai et juin 1881.

1

Ce serait assurément trop amoindrir le débat que de le réduire à une simple querelle entre l'agriculture et l'industrie. Toutefois on trouverait là une bonne indication préliminaire, bien que depuis ces dernières années, en conséquence de la crise agricole, une alliance partielle ait été conclue entre l'industrie et l'agriculture pour réclamer ensemble une protection jugée indispensable. Car, par une contradiction de plus, on voit quelques-uns des champions de ces deux rivales naturelles combattre aujourd'hui sous le même drapeau et pour la même cause. De grands industriels, par esprit de justice comme par intérêt, reconnaissent qu'inévitablement, pour que l'industrie soit très protégée, il faut que l'agriculture le soit un peu tout au moins.

Malgré cette alliance exceptionnelle, la compétition n'en subsiste pas moins vive et les divergences d'intérêt n'en sont pas moins profondes entre les travailleurs des champs et ceux des villes. Les gouvernants, aussi bien que les représentants et les défenseurs attitrés ou bénévoles de la main-d'œuvre industrielle n'ont que la subsistance à bon marché pour objectif. A cet objectif ils sacrifient tout, même les intérêts de la main-d'œuvre agricole. Il faudrait pourtant trouver un régime d'égalité sous lequel l'agriculture ne fût pas sacrifiée à l'industrie, ni l'industrie à l'agriculture. Mais avant d'entrer dans le vif du débat, il est nécessaire d'examiner les principes que certains théoriciens veulent nous imposer, et leur relation avec les faits.

C'est toujours pour nous un sujet d'étonnement d'observer que, non seulement dans le public, mais parmi les hommes éclairés, on croit généralement qu'un pays peut *ad libitum* se faire protectionniste ou libre-échangiste, et choisir à son gré ses doctrines et sa ligne économiques. En fait de législation douanière, il n'en est point ainsi : la direction à suivre est déterminée par la situation, par les circonstances et par la nature des choses d'abord, ensuite par les obligations impérieuses des rapports de peuple à peuple; car il faut s'entendre à plusieurs ou à deux au moins pour faire acte ou traité de commerce ou d'échange, entre nations comme entre particuliers. Dans le jeu économique international, on ne se trouve pas plus maître de choisir ses cartes, l'atout ou la couleur, que dans toute autre partie de jeu particulier ou public. Le choix du libre échange ou de la protection n'est donc jamais pour personne une question ouverte, où l'on puisse avec indépendance choisir sa voie; on est lié et entravé de tous côtés.

C'est à proprement parler, bien moins une question de principes abstraits, obligatoirement applicables en tout état de cause, qu'une question de faits matériels et contingents, *matter of facts*, comme disent les Anglais et les Américains. Le seul principe incontesté qu'on puisse invoquer sans réserve en cette affaire est l'obligation d'agir le mieux possible dans l'intérêt du plus grand nombre, de dégrever l'impôt et de supprimer les entraves autant que faire se peut. Mais un programme aussi vague, pouvant s'appliquer à tout, ne précise ni n'éclaire rien.

D'un autre côté, les purs praticiens et les positivistes viennent triomphants s'écrier : Nous sommes des gens pratiques, qui ne nous occupons ni des abstractions, ni des théories, ni des principes peu fondés; nous n'invoquons que les faits acquis, les chiffres et l'expérience, et c'est en vertu des uns et des autres que nous défendons notre système protecteur, disent ceux-ci, notre système libre-échangiste, disent ceux-là. Aussitôt on est forcé d'éteindre leur enthousiasme et de leur demander : Mais à qui les faits donnent-ils tort, à qui les faits donnent-ils raison, puisqu'ils servent de point d'appui à des opinions contraires ?

En effet, voyez, disent les protectionnistes, comme les États-Unis ont grandi et prospéré par la protection ; pourquoi la France ne ferait-elle pas de même? Voyez, répondent les libre-échangistes, comme l'Angleterre a grandi et prospéré par le libre échange! Que les Français imitent l'exemple des Anglais.

Les deux affirmations sont également vraies et se contredisent radicalement; aussi reste-t-on fort embarrassé. La première chose à faire serait d'examiner : 1º si la France peut adopter le système américain; 2º si elle peut adopter le système anglais, et 3º si, dans l'impossibilité d'adopter l'un ou l'autre, elle pourrait se rallier à un troisième système spécial, rationnel, et avantageux pour le plus grand nombre.

La difficulté est grande, car on se trouve, dès les premiers pas, déçu par les faits aussi bien que par la théorie. Voici trois systèmes, trois réalités, trois pays en contradiction manifeste. Il est incontestable que l'Angleterre et les États-Unis sont très riches et très prospères en suivant une ligne diamétralement opposée, et que jusqu'ici la France a été incontestablement riche et prospère aussi depuis nombre d'années, quoique soumise à des régimes douaniers très divers.

Sous le protectionnisme agricole exagéré de la Restauration, la France s'est relevée des désastres de deux invasions et a préparé les succès économiques de la royauté de Juillet. De même, sous le régime très protecteur de 1830, le pays s'est évidemment fort avancé dans la voie du progrès, et a provoqué l'expansion de la prospérité matérielle du gouvernement impérial qui vint recueillir le fruit de quarante années de travail, d'économie et de bonne administration. Bien qu'une législation douanière boiteuse, c'est-à-dire protectionniste pour les uns et libre-échangiste pour les autres, ait enrichi ceux-ci, appauvri ceux-là, néanmoins, somme faite, la nation a continué de voir croître sa richesse et son bien-être, de sorte qu'en fin de compte l'empire a fourni d'une main au pays le moyen de supporter sans périr les saignées et les amputations douloureuses qu'il lui a infligées de l'autre par sa politique. Devant ce spectacle de l'enrichissement constant de la France pendant plusieurs générations, sous des régimes divers, le public éclairé, non moins que la foule ignorante, reste hésitant et perplexe.

C'est principalement sur la question des douanes que se manifeste l'antagonisme regrettable qui divise malgré tout l'agriculture et l'industrie françaises. Il faut reconnaître que nous nous trouvons en face d'un formidable enchevêtrement de contradictions et de dissidences théoriques et pratiques. Si, au milieu de ces contradictions, l'on pouvait démontrer que chacun des trois pays qui viennent d'être cités a eu de bonnes raisons d'agir comme il l'a fait, et qu'il a réussi et prospéré dans sa ligne de conduite spéciale et différente, on aurait fait un pas en avant. Nous serions autorisés en conséquence à écarter la prétention de ceux qui veulent nous imposer une oi, une théorie et des principes absolus et universels; on aurait le droit de repousser |les doctrines préconçues et les doctrinaires; ce serait un premier point de gagné.

II. — LA SITUATION AUX ÉTATS-UNIS: PROTECTION DOUANIÈRE.

Commençons l'examen par les États-Unis. Qu'y voyons-nous? Un pays immense, prospère et privilégié à tous les points de vue, fournissant et pouvant encore fournir pendant nombre d'années à bas prix un énorme superflu de produits variés et de denrées alimentaires qui constituent, après tout, la première de toutes les matières premières à l'usage de l'homme. Les Américains sont à même pour longtemps de faire face à l'exportation des blés, du bétail et des viandes en quantités considérables, après avoir largement pourvu à leurs propres besoins. Dès aujourd'hui, ils contribuent régulièrement pour une grosse part à la nourriture de l'Angleterre et, par intermittences, à celle de la France et des autres pays. Presque tous les peuples semblent désormais dans l'obligation de recourir peu ou beaucoup aux États-Unis pour vivre, tandis que les Américains n'ont rigoureusement besoin de personne pour subsister dans l'abondance; ces derniers pourraient donc à la rigueur tout se permettre en fait de douanes, sans crainte de voir jamais les principaux marchés étrangers se fermer devant eux. Pour se bien rendre compte de la situation, on n'a qu'à lire la savante monographie de M. Ronna sur les blés en Amérique, ainsi que l'intéressant rapport des délégués anglais, M. Read et M. Pell, envoyés aux États-Unis pour y faire une sérieuse enquête agricole; ces documents signalent officiellement la puissance de production presque illimitée du territoire américain et canadien.

Dans l'ordre matériel, cette surabondance de vivres constitue une supériorité économique évidente; quand un pays est pourvu et assuré de ce côté contre toutes les éventualités, et qu'il se sent maître de la victoire dans la lutte pour l'existence, c'est une grande force nationale et privée.

Les Américains ayant chez eux un énorme superflu d'espace cultivable et de nourriture se servent d'abord largement eux-mêmes et puis offrent ce qu'il en reste aux affamés du monde entier. Dans les années où les affaires d'exportations agricoles ne marchent pas, et où leurs produits naturels leur demeurent sur les bras, ils ne gagnent pas d'argent, mais ils ont en revanche l'abondance et le bon marché des denrées alimentaires.

Pour l'Angleterre, qui ne produit pas la moitié de ses subsistances, il en est tout autrement. Si elle manque sa campagne régulière d'exportations industrielles et d'importations alimentaires, elle tombe dans la gêne et dans la souffrance en face de ses ballots de tissus et de ses stocks d'instruments invendus lorsque le marché est momentanément surchargé, et que l'offre surpasse la demande, phénomène économique qui se produit inévitablement de temps à autre. Il en est de même pour les peuples qui se trouvent dans une position analogue.

A tant de supériorités, ajoutez que les États-Unis n'ont point à supporter l'écrasant fardeau des armées permanentes, du service obligatoire, d'une marine militaire, et d'un coûteux entretien de forteresses frontières. De plus, chacun sait combien sont remarquables les aptitudes industrielles et inventives des Américains, qui ont l'ambition et la certitude de devenir, eux aussi, de grands créateurs de produits fabriqués, pourvu qu'ils se mettent au début à l'abri de la concurrence des ouvriers européens. Il est donc naturel qu'au nom de tous les intérêts présents et à venir, ce peuple ait adopté la protection douanière : celle-ci s'impose d'autant plus que chaque jour le système protectionniste fait ses preuves de succès et s'adapte on ne peut mieux à un régime financier corrélatif qui donne d'excellents résultats. Par cette combinaison, les États-Unis parviennent à payer et à liquider une énorme dette nationale, phénomène aussi heureux qu'inconnu dans l'histoire. Les Américains, sans faire de haute science économique et financière, ont judicieusement réglé leur conduite d'après ces trois données : 1º le paiement immédiat de la dette; 2º les droits de douane largement fiscaux et protecteurs; 3° l'excès des exportations sur les importations, et ils ne rougissent pas de réaliser ainsi d'immenses profits publics et privés.

Les Américains, dira-t-on, ne sont pas unanimes à se féliciter de leurs lois protectionnistes sévères. Sans doute, mais la forte majorité nationale est du côté de la protection, sincèrement, par intérêt bien entendu ou non, en dehors des influences factices de l'esprit de parti.

Le parti républicain qui, aux États-Unis, tient en main le drapeau protectionniste, considère les droits de douane comme le plus fécond et le moins onéreux des impôts indirects pour les habitants, et comme une taxe qui pèse pour une part quelconque sur les producteurs étrangers, tout en protégeant l'industrie nationale.

N'oublions pas d'ailleurs que les importations faites en Amérique, sauf les boissons de luxe, ne comprennent presque aucune denrée alimentaire et pas un grain de blé, ce qui diminue singulièrement les périls de la protection douanière en cas d'erreur.

Le parti démocrate, les habitants du Sud et surtout ceux de l'Ouest des États-Unis sont libre-échangistes, et protestent plus ou moins. Leurs intérêts et leur situation les y poussent naturellement. Car leur plus grand désir, à titre de simples producteurs agricoles, est de se procurer au meilleur marché possible les produits de l'industrie étrangère ou indigène. Toutefois les démocrates eux-mêmes ont été récemment obligés de se montrer moins libre-échangistes que par le passé. En tous cas, leurs protestations et leur influence ne sont pas assez fortes pour s'opposer au triomphe écrasant du système protecteur dont la durée et le succès paraissent assurés par le patriotisme ou l'intérêt général du pays. On est donc autorisé à classer nettement les États-Unis comme protectionnistes avérés. Dans une étude aussi succincte que celle-ci, on ne saurait s'arrêter aux nuances et aux explications de détail; les grandes lignes, les grosses majorités et les courants dominants doivent seuls être signalés. Cette remarque s'applique également à ce qui va être dit de l'Angleterre, de la France et des autres contrées.

Nul ne saurait contester qu'une protection rigoureuse permet à l'industrie américaine de monter une foule de fabriques indigènes, qui ne pourraient ni naître ni vivre en libre concurrence avec les établissements similaires d'Europe. Toutefois, les Américains ont dépassé le but ; il en est résulté, sans compter d'autres causes, une crise dont ils ont beaucoup souffert. Mais ils s'en relèvent brillamment, grâce surtout à l'immense supériorité de leurs exportations alimentaires sur leurs importations industrielles, supériorité si fructueuse pour les particuliers et le trésor public. Du reste, les Américains suivent la tradition et les exemples de l'Angleterre. Ils font aujourd'hui ce qu'elle a fait depuis Cromwell jusque vers le milieu du siècle présent, c'est-à-dire qu'ils appliquent la protection à outrance jusqu'à ce qu'ils soient devenus à leur tour les plus forts en matière d'industrie, comme ils le sont déjà pour les productions agricoles.

L'ex-président des États-Unis, le général Grant lui-même, l'a bien dit catégoriquement aux Anglais : « Dans cent ans nous serons plus libre-échangistes que vous. »

Avant ce temps, croyons-nous, les Américains deviendront plus libre-échangistes que n'importe qui, et alors, par un singulier retour des choses d'ici-bas, l'Angleterre sera forcée peut-être de redevenir protectionniste pour ménager la cruelle transition qui s'imposera sans doute à elle. Car il se peut que son ancienne supériorité commerciale et industrielle se change en infériorité le jour où les Américains auront trouvé le moyen économique de transformer chez eux leurs propres cotons en tissus, comme de fondre et de forger eux-mêmes leurs fers, leurs aciers et leurs cuivres, et lorsqu'ils créeront sur place ces mille produits dont la mécanique moderne simplifie et multiplie la fabrication à l'infini, depuis la moindre montre jusqu'aux plus gigantesques machines à vapeur.

Ce qui retarde cet événement probable, c'est la cherté de la main-d'œuvre aux États-Unis ; mais comme cette cherté a pour premier effet d'attirer les émigrants, chaque année ne la verra-t-elle pas diminuer ? Puis apparaissent les Chinois, dont le travail acharné et consciencieux dépasse en bon marché tout ce que l'on peut imaginer, à ce point de créer la question jaune, préoccupation grave pour les États-Unis à peine délivrés de la question noire de l'esclavage. Comment s'empêcher de signaler au vol le côté ironique de cette difficulté chinoise? Nous aurons fait de longs efforts et soutenu des guerres sanglantes contre le Céleste-Empire pour pénétrer sur son sol malgré les Chinois, et voici que ces derniers sont partout en train d'envahir peu à peu le monde et menacent nos travailleurs de la plus redoutable concurrence. De sorte que l'avenir plus ou moins lointain ne laisse pas d'être assez sombre pour les Européens en présence de cette concurrence multiple dans la lutte par la réduction des salaires ; car désormais la guerre du bon marché est déclarée entre la main-d'œuvre européenne et la main-d'œuvre américaine et asiatique.

Sans se perdre ni dans de vastes considérations ni dans de minutieux détails, on doit reconnaître que les Américains, peu soucieux des théories et des doctrines libérales, qu'ils renient ouvertement dans la question commerciale, et préoccupés avant tout de leurs intérêts, croient atteindre par la protection douanière un but fixe : la grandeur et la richesse de leur pays. Les faits et les résultats paraissent leur donner raison : les États-Unis ont victorieusement traversé les dernières crises ; la même génération qui a subi une guerre terrible et contracté une immense dette nationale, la verra presque entièrement soldée et liquidée avant de disparaître dans la tombe.

La situation des Américains, ces enfants gâtés de la Providence, est excellente et très simple ; leur intérêt semble évident ; toutes choses compensées, ils se croient obligés d'être protectionnistes. La protection, chez eux, peut donc passer pour l'atout et pour la carte forcée.

III. — LA SITUATION EN ANGLETERRE : LE LIBRE ÉCHANGE.

En Angleterre, nous constatons une prospérité semblable, mais un ensemble de doctrines et une ligne de conduite radicalement inverses. La situation de l'empire britannique est

de tous points l'opposé de celle des États-Unis, mais elle est
de même parfaitement simple, évidente et nette.

L'Angleterre contient et fait vivre le double environ des
habitants que son sol est susceptible de nourrir. Devant ce
résultat remarquable, on ne saurait trop louer les combinaisons économiques, politiques et sociales de la Grande-Bretagne ; car les Anglais ont trouvé le moyen de faire subsister
par des importations de l'extérieur la moitié de la population anglaise, ou, si l'on veut, de faire subsister la totalité
de cette population pendant six mois avec les produits naturels du pays, et pendant six autres mois avec les produits
alimentaires importés de l'étranger.

Pour rendre plus frappante la différence qui existe entre
les États-Unis et l'Angleterre (et les autres États européens à
un moindre degré), on peut affirmer sans exagération qu'aux
États-Unis il y a plusieurs places et deux pains pour chaque
habitant, tandis qu'en Angleterre il y a toujours deux individus pour se disputer chaque place et chaque pain ; en
Irlande, il y en a trois ou quatre. Cela suffit à expliquer la
prospérité facile des États-Unis. Quel pays, quelle constitution ne réussiraient pas dans des conditions aussi favorables, avec une population vigoureuse et intelligente comme
celle de l'Amérique du Nord ?

Devant la difficulté de faire vivre sur son sol une population double de celle qu'il comporterait naturellement, qu'a
fait l'Angleterre moderne ? A force d'économie, de prudence
et de hardiesse, par la puissance du capital accumulé,
elle est parvenue à une écrasante supériorité industrielle,
commerciale et coloniale. Ouvrant alors ses portes à deux
battants, elle a appelé tous les peuples à la libre concurrence industrielle, où elle était assurée de la victoire, ainsi
qu'à la liberté commerciale, où elle allait avoir tout profit,
parce qu'elle s'y était bien préparée par une longue protection.

L'Angleterre n'a maintenu d'exception que sur l'article
des boissons. Là elle redoute la concurrence ; aussi, au mé-
pris de toute logique, la bière et autres boissons fermentées
sont-elles fortement protégées contre les vins étrangers ; mais

il n'y a qu'une logique vraie et qu'un principe absolu pour l'Angleterre, c'est l'intérêt des Anglais.

Quoi qu'il en soit de cette exception, la Grande-Bretagne, forcée de demander à l'étranger la moitié de son pain quotidien, de ses alcools et de ses viandes, la totalité de ses vins et des cotons nécessaires à ses fabriques de tissus, a inondé le monde des exportations de son industrie pour faire affluer chez elle en retour les importations agricoles dont elle ne saurait se passer à aucun prix. Cet échange est pour les Anglais presque une question de vie et de mort dans les six mois. Il se rencontre là un ensemble de combinaisons bien ingénieuses et bien fortes à tous les points de vue, pour résoudre ainsi chaque jour le problème de la subsistance et de la prospérité de tout un grand peuple de plus de 30 millions d'âmes dans d'aussi délicates conditions. Des deux côtés de l'Atlantique, la race anglo-saxonne a donc réalisé une œuvre immense, celle de la puissance et de l'épanouissement de deux grandes nations de même origine et de mêmes traditions par des moyens absolument opposés.

Du reste, l'expérience est hérissée de contradictions. En voici un autre exemple en passant. Il existe une grosse question pendante et une discussion pleine d'intérêt à plus d'un titre : c'est la question testamentaire et la controverse entre les partisans de la grande et ceux de la petite propriété, entre les théoriciens de la concentration et ceux de la division de la propriété agricole considérées comme favorables ou contraires à la richesse générale. Or l'Angleterre est parvenue à un *summum* de richesse et de puissance avec le droit d'aînesse, les substitutions, et une concentration de la propriété indubitablement fort exagérée, contre lesquels s'opère une réaction marquée. D'autre part, la France est arrivée, malgré mille traverses et mille infortunes, à un haut degré de richesse, en adoptant un système de partage égal et de subdivision parcellaire du sol qui dépasse les justes bornes. Dans un pays la grande propriété, dans l'autre la petite propriété ont produit la richesse, et dans l'Amérique démocratique apparaît la grande et immense propriété, dont l'influence écrasante pèse sur les cours des marchés des deux côtés de l'Atlantique. De ces contradictions il n'y a rien à conclure sinon que la science économique constate et accepte les faits avérés.

Au point de vue de la question douanière, on voit du premier coup d'œil que la situation de l'Angleterre est claire et que ses intérêts sont évidents ; elle n'a jamais chez elle que la moitié de la nourriture de son peuple, dont l'existence matérielle dépend ainsi du succès ou de l'insuccès de l'échange international ou commerce annuel. Elle se trouverait dans un cruel embarras si, pour une raison ou pour une autre, l'arrivage de cette demi-ration vitale, dont elle a impérieusement besoin chaque semaine, venait brusquement à manquer.

Les Anglais sont donc absolument obligés d'être libre-échangistes et ne peuvent pas être autre chose jusqu'à nouvel ordre. Dans le jeu de l'Angleterre, c'est le libre échange qui est l'atout et la carte forcée.

IV. — LA SITUATION EN FRANCE : DIFFICULTÉ D'UNE SOLUTION.

Si l'Angleterre et les États-Unis sont arrivés à une brillante situation économique et financière par des procédés inverses, la France, elle aussi, est parvenue à un point de prospérité remarquable en suivant un troisième système tout différent. Autant la position et les intérêts des États-Unis et de l'Angleterre sont nets et tranchés, autant ceux de la France sont confus, contradictoires et difficiles à démêler comme à concilier sur la question douanière.

Les États-Unis possèdent toujours un gros surcroît de denrées alimentaires, les Anglais manquent toujours de la moitié environ de leurs subsistances : voilà deux faits primordiaux et fixes qui permettent dès l'abord d'asseoir un système permanent sur des bases solides. La situation de la France, au contraire, est notoirement variable et oscillatoire. Tantôt elle produit un excédant de denrées alimentaires qu'elle demande à exporter, tantôt elle souffre d'une insuffisance inquiétante de subsistances, qui la force à changer son fusil d'épaule et à réclamer le secours des importations alimentaires de l'étranger.

En outre, au lieu d'être essentiellement industrielle et commerciale comme l'Angleterre et la Hollande, ou bien purement ou supérieurement agricole comme les États-Unis ou la Russie, la France est à la fois industrielle et agricole à ce point qu'on ne saurait, sans ruiner le pays, sacrifier l'agriculture à l'industrie ni l'industrie à l'agriculture. Cette double aptitude de la France constitue une grande force et une grande richesse ; mais elle rend singulièrement difficile le règlement de la question douanière. Au lieu de rencontrer un courant économique puissant et régulier dans une direction constante, ainsi qu'en Angleterre ou en Amérique, nous subissons des alternatives imprévues de flux et de reflux, dont l'irrégularité déroute toutes les combinaisons et complique étrangement toutes les responsabilités.

Qu'en résulte-t-il? C'est que, selon le point de vue où l'on se place, on a le droit de soutenir en toute loyauté les thèses les plus contraires. Dans les discussions les plus sérieuses, comme dans les tableaux de statistique les plus véridiques possible, les libre-échangistes trouvent des arguments auxquels les protectionnistes n'ont rien à répondre de concluant, et les protectionnistes eux aussi jettent à la tête de leurs adversaires des arguments péremptoires, puisés aux mêmes sources, devant lesquels les libre-échangistes sembleraient devoir rester court. La lutte est d'autant plus vive et la conciliation d'autant plus difficile que chacun des deux partis a complètement raison sur certains points et également tort sur d'autres.

Il demeure incontestable que, tour à tour ou à la fois, la France a impérieusement besoin des importations étrangères pour compléter la quantité nécessaire de ses subsistances, et impérieusement besoin aussi de pouvoir placer à l'étranger une part considérable de ses produits industriels, et souvent l'excédant de sa production agricole.

La confusion et l'antagonisme des intérêts existent même entre les différentes branches de l'agriculture et de l'industrie. Libre-échangiste pour les vins fins, l'agriculture française est protectionniste pour les vins communs, pour le bétail et le sucre; protectionniste pour le blé, une partie de la France serait volontiers libre-échangiste pour la farine. En cherchant un peu, on trouverait bien d'autres anomalies analogues. Dans l'industrie apparaissent de semblables contradictions. L'ensemble de l'industrie est nettement protectionniste, mais dans telle manufacture, dans un même bureau, le même chef de fabrique demandera le libre échange pour des filés, ou pour des produits à un certain degré de préparation, qu'il qualifiera de matières premières, tandis qu'il exigera la protection pour des tissus ou d'autres produits amenés totalement ou partiellement à un état de fabrication plus ou moins complète. Chacun réclame à grands cris la libre introduction de ce qu'il appelle les matières premières, réclamation embarrassante, car ce qui est matière première pour les uns est matière de seconde ou de troisième main pour les autres.

Ces contradictions intestines de l'agriculture et de l'industrie sont un détail et une difficulté secondaires utiles à signaler. Mais la grosse question, c'est l'opposition tranchée entre les intérêts agricoles et industriels, urbains et ruraux. C'est ici que les prétentions de l'industrie et du commerce deviennent manifestement injustes. En dehors de récentes alliances fort honorables, les protecteurs officiels ou bénévoles de la main-d'œuvre industrielle veulent au fond maintenir le libre échange alimentaire en même temps que la protection de l'industrie : voilà la vérité. Ce double avantage, l'industrie française l'a obtenu depuis les traités de 1860. Si l'agriculture a pu sans succomber supporter le lourd fardeau que lui imposait cette inégalité de traitement, elle le doit à ses efforts et à d'heureuses circonstances. Aujourd'hui il n'en est plus ainsi; deux faits graves sont intervenus : la nouvelle concurrence agricole américaine qui est irrésistible, et le phylloxera qui détruit une des plus riches productions de notre sol et un de nos principaux objets d'exportation. Ce coup double a fait fléchir notre agriculture nationale, qui avait bravement combattu à découvert depuis 1860 jusqu'à ce jour, mais qui ne peut plus lutter sans compensation ou sans abri défensif contre des forces rivales d'une écrasante supériorité, ni contre un fléau jusqu'ici sans remède.

Ce court aperçu des conflits naturels entre les intérêts aussi légitimes qu'opposés, aussi respectables qu'incompatibles de la France dans sa riche diversité, ne dissimule rien des difficultés du problème à résoudre.

Reconnaissons que le gouvernement, si laïque qu'il soit, se trouve pour ainsi dire à la place du saint patron invoqué par le paysan, qui demande avec conviction qu'il pleuve sur son champ d'avoine et qu'en même temps le soleil luise sur son champ de blé.

Une chose est certaine, c'est qu'autant la situation et les intérêts dominants de l'Angleterre et des États-Unis sont nets et précis, autant les intérêts de la France sont confus, opposés, et difficiles à concilier.

Le libre échange s'impose aux Anglais, les Américains ne paraissent pas avoir à regretter d'être protectionnistes, mais les Français sont forcés d'accepter, transitoirement au moins, un système mixte qui donne d'égales satisfactions et impose des sacrifices égaux à tout le monde, afin que personne ne puisse se plaindre d'être spécialement et injustement lésé.

En face d'un état de choses aussi complexe et de résultats aussi contradictoires, notre législation douanière ne peut éviter d'être marquée du même caractère de complexité et de contradiction. Au milieu de cette confusion, un seul principe surnage, auquel chacun peut se rattacher, c'est celui de l'égalité dans un sens ou dans l'autre. Aussi, dans le jeu de la France, au sujet du régime douanier, c'est l'égalité qui reste l'atout et la carte forcée.

V. — Importation et exportation. — Lacunes de la science économique.

Des trois constatations qui précèdent ne semble-t-il pas résulter que ni le libre échange, ni la protection ne sont un principe absolu ou une doctrine irréfutable? La législation douanière n'apparaît alors aux yeux non prévenus que comme une affaire purement contingente, et le législateur sera libre, selon les contrées, les temps et les circonstances, d'être tantôt libre-échangiste, tantôt protectionniste.

La critique ne doit-elle pas s'exercer encore sur une autre affirmation qu'on a voulu présenter comme un axiome et nous imposer avec toutes ses conséquences pratiques? C'est l'affirmation des avantages de la supériorité permanente de l'importation sur l'exportation. La doctrine à établir sur ce point est d'une grande importance pour l'ensemble de la direction imprimée à notre législation douanière.

Sans prendre la défense du système mercantile, ni de la balance du commerce, dont on s'est beaucoup moqué, ne peut-on pas demander si tout est absolument inexact et faux dans « cette vieille chimère » ?

La doctrine actuelle dans l'espèce est-elle plus inattaquable, plus claire ou plus concluante ? Depuis longtemps les maîtres de la science nous répètent à l'envi que la supériorité de l'importation sur l'exportation, c'est-à-dire le fait d'acheter plus qu'on ne vend est le signe, l'instrument et le gage certains de la richesse publique. Ceux qui protestaient ou qui posaient avec étonnement de gros points d'interrogation, comme nous l'avons fait il y a quelques années, rencontraient peu d'approbateurs. N'y avait-il pas là pourtant un pur mystère imposé à la foi des adeptes?

Voici comment le problème se présente à nos yeux : premièrement, il est évident que tout ce qui est importé dans un pays est exporté d'un autre; ce qui entre quelque part est sorti d'ailleurs, et il ne peut entrer nulle part une quantité de produits qui ne soit sortie comme quantité égale de quelque autre endroit. Prenez le compte général des importations et des exportations du globe, faites le tour du monde économique, et vous trouverez que les nations modernes font approximativement pour 30 milliards d'importations au moins et pour 22 milliards seulement d'exportations environ; différence : 8 milliards par an. Comment cela se fait-il? Un navire ou un train part du lieu d'exportation avec un chargement de marchandises d'une valeur de 100,000 francs et, en arrivant au lieu d'importation, débarque pour 130,000 francs de marchandises, si l'on en croit les relevés de la douane et de la statistique. Cette différence dépasse évidemment de beaucoup les frais ordinaires de transport. L'importation fait donc des petits en route, ou bien l'exportation perd du monde en voyage. Voilà le mystère, car l'importation et l'exportation se composent de la même cargaison, du même chargement, du même produit qui prend deux noms différents, l'un au point de départ, l'autre au point d'arrivée; mais ces deux noms s'appliquent à un objet identique, dont le poids et la quantité sont exactement les mêmes, qu'on le considère comme exporté ou importé. La valeur peut être différente à cause des frais de transport et de la plus-value ordinaire provoquée par la demande. En réalité toutefois, malgré les contradictions ou les obscurités qui se rencontrent dans la comptabilité douanière, l'importation doit être ici sensiblement égale à l'exportation, puisque l'une et l'autre concernent un objet identique en poids et en quantité.

On nous a cité l'Angleterre comme le spécimen indiscutable du triomphe de ce principe établissant que le gage, l'instrument et la condition de la richesse nationale étaient l'excédant et la supériorité de l'importation sur l'exportation. Mais la situation de l'Angleterre est celle d'un riche particulier dont la grosse fortune se trouve établie depuis longtemps et qui, pour s'occuper et faire vivre autour de lui une nombreuse clientèle rurale et urbaine, fonde une grande exploitation agricole en même temps qu'une vaste manufacture. Il perd sur les deux établissements ou sur un seul, plus ou moins, chaque année, mais comme il a de fortes rentes sur l'État, sur les chemins de fer et sur les fonds étrangers, il solde facilement la différence en perte, vit largement, et répand le bien-être autour de lui sur les populations environnantes. Il en est de même pour les nations riches qui importent plus qu'elles n'exportent. L'Angleterre est précisément dans ce cas, elle possède 60 milliards de capitaux placés à l'étranger; avec le revenu de ce bon fonds de fortune mobilière, elle s'offre le luxe de faire venir du monde entier tout ce qui lui est utile ou agréable; c'est là pour elle un signe, mais non une cause de prospérité. On ne doit pas avancer qu'elle est riche parce qu'elle importe plus qu'elle n'exporte ; il faut dire qu'elle importe plus qu'elle n'exporte parce qu'elle est très riche en capitaux et en revenus.

Contrairement aux apparences, c'est la terre qui tourne autour du soleil, et non l'inverse. Les astronomes ont mis trois ou quatre mille ans à s'en apercevoir ; les économistes, parmi lesquels nous réclamons l'honneur d'être compris, n'ont mis que soixante ou quatre-vingts ans à redresser une erreur accréditée, et ils commencent à donner des explications nouvelles sur le phénomène des importations et des exportations. Dans un article tout récent du *Journal des Débats*, M. Leroy-Beaulieu, l'un des jeunes représentants les plus distingués de la nouvelle école économique, avec lequel nous avons le regret de ne pas nous trouver toujours d'accord, explique excellemment aussi d'où vient l'erreur. L'importation enfle toujours ses prix, tandis que l'exportation les diminue invariablement ; l'une comme l'autre donne à la douane des chiffres intentionnellement inexacts. En 1879, la douane italienne inscrit pour 300 millions d'importations françaises, et la douane française n'inscrit que pour 180 millions d'exportations en Italie. Fort bien ; mais c'est il y a vingt-cinq ans que les doyens de la science auraient dû nous donner ces explications, au lieu d'accabler les sceptiques de eurs dédains. Et d'ailleurs ce n'est pas la faute de la vieille balance du commerce, si l'on a fourni de tout temps des chiffres inexacts à la douane et si les données de la statistique, faussées par là, se sont trouvées mensongères. Il ne fallait pas asseoir un principe ou un axiome sur des bases aussi fragiles et sur des calculs aussi contestables.

Aujourd'hui il suffit pour s'éclairer de constater que notre industrie et notre commerce, qui exportent réellement trois fois plus qu'ils n'importent, sont dans une situation florissante, tandis que l'agriculture, qui voit importer beaucoup plus de produits agricoles qu'elle n'en exporte, souffre et languit. Dans un ordre d'idées analogues, à propos de la fuite des métaux précieux à l'étranger, résultant d'importations non balancées, M. E. de Laveleye ne nous fait-il pas judicieusement remarquer que « pour éviter la hausse des tarifs

douaniers qui frappent l'étranger, on s'imposera la hausse
de l'escompte qui pèse sur les nationaux (1)? »

Cette question qui, comme Protée, prend toutes les formes,
est présentée tour à tour, selon les besoins de la cause,
sous les aspects les plus divers et les plus contradictoires.
Voyez, dit-on aux uns, la preuve de notre richesse ; tous les
vieux pays sont riches, et plus ils sont vieux plus ils
s'enrichissent (ce qui entre parenthèse nous paraît le
comble de l'art de vieillir). Plus ils sont riches, plus ils
importent, et s'ils importent plus qu'ils n'exportent,
c'est le gage d'une fortune que le monde leur envie. Si ce
résumé est exact, l'argumentation paraîtra tenir un peu du
cercle vicieux. Puis, chantant une autre antienne, la même
école de publicistes vient dire aux autres : La France, malgré
tout, exporte plus qu'elle n'importe ; le relevé des douanes,
en dépit des fausses évaluations, le prouve sans réplique. La
situation est excellente ; la France possède 30 milliards
placés à l'étranger, son portefeuille grossit, les impôts
indirects augmentent, la bourse monte, l'isthme de Suez va
rapporter 15 pour 100. Nous ne disons pas non, répliquent
les gens de campagne abasourdis ; mais, sans reproche, tous
ces milliards sont à votre compte, non au nôtre, et ne nous
avancent guère ; nous restons pauvres et accablés en face de
vos richesses et de vos allégresses triomphantes. Un peu de
ces capitaux confiés à nos laborieux efforts nous feraient
grand bien et rapporteraient gros.

On répond aussitôt aux ruraux par quelque tableau
d'ensemble dans le genre de celui-ci : L'industrie française
gagne 5 milliards, l'agriculture perd 1 milliard (2), bénéfice
net pour le pays, 4 milliards, comment osez-vous faire
entendre des plaintes attristantes ? Tirez une moyenne, et
d'ailleurs il faut prendre les grandes questions de haut.
L'agriculture trouve en effet qu'on le prend de trop haut.

Toutes les faveurs sont toujours réservées à la catégorie

(1) Lettre ouverte au Cobden Club, 8 avril 1881.
(2) L'agriculture anglaise a perdu 3 ou 4 milliards en trois années,
d'après le rapport de M. Long.

rivale ; jamais aucune pour les ruraux. Lors du récent emprunt de 1 milliard, il a suffi pour y souscrire de déposer des titres de valeurs mobilières en nantissement, à l'exclusion des titres de propriété, ou de fermage, lesquels assurément en valen⁺ d'autres comme garantie et solidité. Sans cette exclusion, emprunt aurait pu être souscrit trente fois au lieu de quinze, et la bonne aubaine répartie sur tout le monde.

Quoi qu'il en soit, les contradictions signalées plus haut ébranlent sensiblement le principe opposé à l'antique balance du commerce, contre laquelle on lance le célèbre argument de Bastiat. Ne vous inquiétez donc pas, dit-on, de la supériorité apparente soit de l'importation, soit de l'exportation; il est inutile de compulser les statistiques, dormez en paix sur les deux oreilles. Par la force des choses, tout s'équilibre et se compense fatalement, d'après ce principe indiscutable établi par Bastiat, que les produits se paient en produits.

Assurément il y a eu et il y aura toujours échange de produits, mais l'échange est-il invariablement équivalent? Voilà ce qu'il est difficile d'admettre. Car si les produits ne s'échangeaient que contre des produits d'une équivalence exacte, toutes les nations se trouveraient également riches ou également pauvres, puisqu'elles n'auraient échangé entre elles que des objets de valeur absolument égale. N'y a-t-il pas d'ordinaire une différence, un appoint, un pourboire qui se solde en argent ou en or?

Ne voit-on pas des gens et des nations qui se sont fait des fortunes avec les différences et les pourboires de l'échange international? Si la France a placé 30 milliards à l'étranger, si l'Angleterre en a placé 60, d'où sortent ces 90 milliards nullement fictifs, puisqu'ils rapportent intérêt? Ils ne peuvent avoir d'autre origine que la vente d'une certaine quantité de produits contre paiement en numéraire sonnant ou en papier fiduciaire, et non pas seulement en produits tout à fait équivalents. Paix et respect aux hommes de talent et de bonne volonté, mais ne voilà-t-il pas encore une affirmation de principe à reléguer au magasin des accessoires démodés?

Le stock métallique de la France et tout l'or de l'Angleterre, d'où viennent-ils, sinon de la supériorité de valeur et de vente des exportations sur les importations? Londres est le grand marché de l'or du monde entier, et les Anglais veulent conserver ce monopole. On le voit bien dans la conférence internationale au sujet du bimétallisme, brillamment défendu par M. Cernuschi, mais en vain, croyons-nous. Comment expliquer là présence de tant d'or dans la France et l'Angleterre, dont le sol n'en fournit pas une parcelle utilisée, sinon par ce fait que les produits s'échangent souvent, en partie tout au moins, contre de l'or, contre du capital circulant sous une forme ou sous une autre?

On nous accusera peut-être d'abuser des digressions; mais l'avocat de la défense est bien forcé de répondre à tout ce qui lui est objecté, et de soutenir le débat sur chacun des points où il plaît à la partie adverse de le placer.

L'indulgence mutuelle est de mise entre les différents groupes qui discutent ces délicates questions, où les principes semblent assez douteux pour que chacun soit tenu de faire son examen de conscience avant d'excommunier les autres.

Les pères de l'église économique contemporaine seraient-ils infaillibles? Voici Bastiat qui, dans ses *Sophismes économiques*, tome Ier, page 208 et suivantes, réclame un droit fiscal de 5 pour 100 sur toute marchandise entrant ou sortant, y compris le blé et les matières premières! On affirme que Michel Chevalier avait demandé la démonétisation de l'or avant de demander celle de l'argent! Du reste, comme réformateur, il n'était pas tendre au pauvre monde. D'après lui, le gouvernement, en retirant de la circulation une monnaie qu'il a fabriquée, a le droit de ne pas la rembourser. Que le gouvernement français mette hors de cours toutes les pièces de 5 francs, disait-il; ceux qui les possèdent devront les rendre comme métal brut. Leurs pertes seront formidables, mais tant pis pour eux (1). Son école serait volontiers presque aussi rigoureuse pour l'agriculture.

(1) Voyez dans la *Revue des Deux-Mondes* du 1er avril 1876, le passage repris par M. Cernuschi dans son *Bimétallisme à 15 1/2 nécessaire*, etc., page 21.

Lorsque Bastiat s'attendrit, au contraire, dans sa pieuse théorie de l'harmonie des intérêts, il se montre par trop idéologue, car l'on ne voit guère en ce monde que des intérêts opposés, et en tous cas, s'il existe une harmonie abstraite et scientifique entre les intérêts, on ne peut que constater l'antagonisme concret et la concurrence pratique et permanente entre les intéressés. Or, les intéressés sont la réalité et la vie.

Michel Chevalier nous a souvent parlé du crime de la Restauration, qui avait laissé établir les droits sur les blés d'après l'échelle mobile. Ce pouvait être une mauvaise mesure, mais ce n'était nullement un crime. Les Anglais faisaient de même alors, et c'est à eux que nous en avons emprunté la pratique. L'administration financière et économique de la Restauration fut remarquable pour son temps, qui n'était pas le nôtre ; les résultats heureux sont là pour l'attester. Mais dès qu'on aborde certaines questions et certains souvenirs, il est de tradition de tout exagérer et de faire montre d'hostilité systématique. On voit alors des contemporains éminents qui, pour passionner le débat, consentent à plaider la *féodalité*, comme de petits avocats de province évoquent le spectre fort noirci de l'ancien régime dans des procès d'indemnité pour quelques dégâts de lapins. Mais non, personne n'est criminel dans toute cette inextricable affaire de douanes et de tarifs. Il s'y rencontre des intérêts de premier ordre et des nécessités opposées qui s'entre-choquent naturellement. Les difficultés réelles sont déjà assez graves, sans qu'on envenime la querelle par d'injustes accusations réciproques. Les protectionnistes n'ont pas plus envie d'affamer le peuple que les libreéchangistes ne forment le noir dessein de vendre la patrie à l'étranger.

VI. — ÉGALITÉ DEVANT LA DOUANE POUR L'AGRICULTURE ET L'INDUSTRIE.

Si les principes manquent d'un côté, on peut en retrouver d'un autre. Au-dessus de la question économique se présente la question de droit et d'équité.

Quand on aborde la législation et les impôts de douane, il

semble qu'on mette le pied sur un terrain obscur, mystérieux
et sacré, où les données ordinaires ne sont plus de mise et où
l'on ne doit appliquer que des règles particulières et différentes. Pourtant les lois et les droits de douanes sont des lois
et des impositions comme les autres, ils ne présentent ni plus
ni moins de difficultés, et ne doivent pas être traités et dis-
cutés autrement que le reste de notre législation.

Comme pour presque toute taxation, le débat se résume
dans une question de chiffres et de proportion. En effet, l'impôt direct, juste et fécond s'il est léger, devient injuste et ruineux s'il est trop lourd, et il prend la forme d'une spoliation
ou d'une confiscation s'il est exagéré. De même pour l'impôt
de douanes, son caractère change selon le chiffre auquel on
le fixe. Modéré, il est fiscal; plus élevé, il est protecteur;
exagéré, il devient prohibitif. Il n'y a rien là que de naturel
et de normal. Les règles ordinaires trouvent ici leur application.

Quel est dans l'espèce le principe fondamental de la législation française? C'est l'égalité devant l'impôt. Voilà donc le
principe dont il ne faut pas s'écarter. Ce sera une lumière qui
éclairera les doutes, les obscurités et les mille détours d'une
question fort compliquée, où il est facile de s'égarer.

L'agriculture reste donc dans son droit strict et absolu lorsqu'elle réclame l'égalité. Dès qu'une branche du travail national est protégée, le travail agricole a le droit et le devoir
de réclamer une protection analogue, sinon tout à fait égale.
C'est là le point de départ de la discussion qu'il ne faut pas
perdre de vue.

On voudrait faire croire qu'une protection, même limitée,
serait une faveur, un don gracieux offert aux intérêts agricoles. Il n'en est rien; au contraire, toute inégalité de traitement au détriment de l'agriculture est une dérogation aux
principes et une entorse donnée à la loi commune.

Si l'industrie est protégée, les intérêts agricoles doivent
l'être aussi d'une manière efficace. L'agriculture n'exige pas
une exacte péréquation entre les droits perçus pour
protéger quelques industries exceptionnelles et ceux
qu'on imposerait pour protéger les denrées alimentaires

d'usage général. Elle ne réclame qu'une égalité relative, comportant une certaine élasticité rationnelle.

Ce n'est pas elle qui dira : *Pereat populus, fiat justitia*, objurgation violente du moyen âge, traduite plus tard par le mot célèbre : Périssent les colonies plutôt qu'un principe ! Mais elle ne peut admettre le système qui accorde une puissante protection aux uns, pendant qu'il accable les autres sous le poids d'une concurrence écrasante.

Aucune concession, aucune inégalité de traitement proposée à l'agriculture ne saurait être acceptée par elle que moyennant une compensation équivalente. Si on l'exproprie de son droit, on lui doit une juste et préalable indemnité, selon la loi française d'expropriation. Sur ce terrain, il est possible de s'entendre et de se défendre aussi; l'agriculture y est inattaquable en droit et en équité.

Mais en pratique, dira-t-on, faudra-t-il aller jusqu'à établir une taxe d'importation sur les blés parce que les tissus sont protégés ? Pourquoi non ? C'est le droit et la justice. Si vous ne le faites pas, il faut payer pour ne pas le faire. Vous ne pouvez pas admettre une dérogation à la loi commune et à l'égalité sans une large compensation. Les producteurs de blé sont-ils moins intéressants et moins nombreux que les producteurs de tissus? Jamais, ajoutera-t-on, une assemblée française ne votera des droits d'entrée sur les blés importés. Nous n'en savons rien. Dans un article non signé du *Journal des Débats*, on vient nous dire que jamais une chambre française ne votera une loi qui ferait enchérir le pain. Mais les chambres françaises actuelles, comme les précédentes, ne font pas autre chose que de faire hausser le prix du pain quand elles s'occupent à élever de plus en plus le gigantesque édifice de notre budget et de nos impositions.

L'impôt foncier fait monter le prix du pain, la conscription militaire aussi; les droits de mutation et de succession, même sur le passif, la loi sur les hypothèques, les octrois exagérés, le refus de laisser entrer en franchise certains objets de première utilité agricole, même le *guano*, qu'on dégrèvera à l'entrée quand il n'y en aura plus nulle part, l'impôt sur les sucres et les alcools, tout cela et bien d'autres

choses encore, y compris la liberté de la boulangerie, font
notablement renchérir le pain. Et pourtant les chambres
n'hésitent pas à accumuler toutes ces charges sur le dos des
contribuables, c'est-à-dire à faire monter énormément le
prix du pain, de la viande et du reste en France.

Les taxes douanières n'ont donc rien d'exceptionnel qui
les place hors du droit commun. La protection peut être nécessaire, utile ou onéreuse; mais qu'on en fasse profiter
également chacun, ou que tout le monde en supporte l'inconvénient.

La liberté des échanges peut être aussi un grand et avantageux procédé, ou un système contestable ; mais qu'il s'applique à tous indistinctement, et qu'on n'allègue pas que la
liberté des échanges serait détruite ou compromise parce que
l'échange paierait l'impôt. Toutes nos libertés d'ordre civil
sont imposées. La liberté de posséder la terre et les maisons
est imposée, sans que le principe de la propriété soit en
péril. La liberté de location, celle d'ouvrir boutique ou de
fabriquer, la liberté d'hériter, celle de vendre ou d'acheter
des biens fonds ou mobiliers, sont à coup sûr assez fortement
grevées de droits de patente, de mutation et de succession.

Ces libertés se trouvent-elles niées, détruites ou contestées
parce qu'elles sont soumises à des contributions? S'il n'y a
de libres que les choses et les individus exempts d'impôt,
rien ni personne n'est libre. Pourquoi donc un impôt sur
l'échange international serait-il plus contraire à la liberté que
l'impôt sur les transactions à l'intérieur du pays? Si c'est un
crime d'imposer les blés américains sur le sol français, ainsi
qu'on l'a tant dit après Michel Chevalier, comment est-ce
une vertu d'imposer si lourdement les blés français en France?

En résumé, la question n'est pas douteuse; l'égalité est le
fondement de la loi commune chez nous ; ce grand principe
doit donc trouver son application raisonnable dans la législation douanière aussi bien que dans toute autre. C'est un
droit indiscutable pour le gouvernement de frapper des taxes
d'importation, comme pour l'agriculture en détresse d'en
réclamer.

Faut-il user de ce droit en tout ou en partie ? Ceci est une autre question. Mais si ce droit n'est pas appliqué, à quoi bon se donner la peine d'en discuter les bases et la valeur légale, demandera-t-on? Pour la raison suivante, qui ne laisse pas d'avoir une grande importance. Une fois le droit dûment établi, ceux qui consentent à y renoncer en totalité ou partiellement, restent bien fondés à réclamer une indemnité ou une compensation équivalente qui ne saurait être refusée. Car il serait par trop contraire à l'équité de laisser subsister indéfiniment une différence de traitement aussi radicale entre le travail industriel protégé et le travail agricole sacrifié à la libre concurrence étrangère. Aujourd'hui, l'inégalité flagrante de la situation douanière pourrait se résumer ainsi : libre échange alimentaire infligé à l'agriculture, protection accordée à l'industrie urbaine.

VII. — L'AGRICULTURE FRANÇAISE EN FACE DE LA CONCURRENCE AMÉRICAINE.

Les plaintes de l'agriculture, a-t-on dit, sont si peu justifiées ou tellement exagérées qu'il n'en faut point tenir compte, et c'est à tort que les campagnards se laissent dominer par une panique déraisonnable à propos des importations des États-Unis. Ces alarmes, ajoute-t-on, sont dénuées de fondement ; l'écrasement de nos cultures par la concurrence étrangère est une chimère, un fantôme ; que chacun se rassure, il n'y a pas péril en la demeure.

Signalé longtemps d'avance par M. Foucher de Careil et par M. Eugène Tisserand, entre autres, le spectre de l'importation américaine s'est aujourd'hui changé en une réalité.

Sous la Restauration, sous le gouvernement de Juillet et jusqu'en 1860, objecte-t-on, c'étaient la Russie, la Hongrie et l'Algérie qui servaient d'épouvantails, et les craintes qu'elles inspiraient se sont évanouies devant l'expérience. Mais tout d'abord remarquons que l'expérience n'a été tentée qu'à partir de 1860 ; car la suppression, fort opportune d'ailleurs, de l'échelle mobile n'ayant été décidée qu'en 1860, la France est restée protégée jusqu'à cette date contre la libre concurrence de la Russie, de la Hongrie, etc... Si elle n'a pas été écrasée depuis par ses anciennes rivales, il ne s'ensuit pas qu'elle soit capable de soutenir actuellement la lutte contre de nouveaux concurrents aussi redoutables que les États-Unis et le Canada. Sans doute l'Amérique aussi verra monter de beaucoup les prix de ses céréales et de son bétail, mais il est permis de supposer que ce ne sera pas avant d'avoir traversé une période prochaine de baisse dont la durée se prolongera sans doute pendant une longue série d'années ; d'ici là, nous avons le temps de tomber et de végéter dans la gêne.

Assurément les cours des blés français font la hausse sur les lieux de production et sur les marchés américains, mais les blés américains font en revanche la baisse sur les nôtres, et les producteurs français y perdent. Le cas est normal ; toutefois il ne faudrait peut-être pas laisser se développer jusqu'à l'extrême toutes les conséquences de ce phénomène naturel.

On nous dit encore qu'à cause des sécheresses et de la rareté de la main-d'œuvre, les rendements sont faibles, que les distances, les transports et diverses autres causes ne laissent que des bénéfices médiocres ou nuls aux Américains ; en un mot la culture serait une mauvaise affaire aux États-Unis, et par conséquent nous n'avons pas à nous alarmer de cette concurrence.

Il est possible que la culture soit une mauvaise affaire en Amérique, mais nous voyons de nos propres yeux que c'est pour le moment une plus mauvaise affaire encore en Europe, puisque chez nous l'agriculture recule, tandis qu'elle avance aux États-Unis et au Canada. Nous n'avons aucune raison de suspecter les divers rapports qui ont été publiés. Il serait trop long d'entrer dans le détail des chiffres, et d'examiner par le menu les relations des hommes compétents qui ont visité tout récemment les États-Unis, mais l'optimisme qui semble le mot d'ordre de tout un parti n'est-il pas exagéré ? On a peut-être raison de nous rassurer, pour nous empêcher de tomber dans un funeste découragement ; cependant en nous rassurant trop on risquerait de nous tromper, ce qui n'aurait pas moins d'inconvénients.

Si les opérations culturales des colons américains étaient si médiocres, comment expliquer que, depuis trente ans, ces mêmes pionniers venus de tous les pays du globe aient couvert de leurs cultures et arrosé de leurs sueurs des espaces plus vastes que la vieille Europe, et qu'ils aient si rapidement poussé leurs bestiaux, leurs charrues et leurs machines agricoles, des monts Alleghanys, frontières des États atlantiques, jusqu'aux rives du Pacifique, c'est-à-dire créé une nouvelle et immense région productive? Serait-ce uniquement pour nous contrarier, ou par excès d'initiative personnelle que les Américains s'acharneraient à se lancer dans des solitudes dangereuses et à entreprendre à perte de gigantesques travaux que rien ne les force à accomplir?

Nulle part, nous le savons, l'existence des premiers colons d'une contrée sauvage n'est douce, ni facile, mais un fait indiscutable subsiste : la grande concurrence américaine, qui commence seulement, vient du premier coup désorienter et compromettre toute la culture européenne, ce que n'avaient jamais fait la concurrence russe, ni aucune autre; en outre, aux États-Unis, la production du blé a presque doublé depuis dix ans. Tout porte à croire qu'elle peut doubler encore pendant les années prochaines, surtout si les produits du Canada entrent également en ligne de compte.

Pour nous rassurer, on ajoute que le prix des terres dans les anciennes colonies de l'est des États-Unis a monté d'un tiers en dix ans et, qu'en conséquence, puisque la concurrence des nouvelles contrées de l'Ouest n'a pas ruiné la culture des anciens États, elle doit encore moins ruiner celle de la France.

A cela nous pouvons répondre que la statistique invoquée s'arrête à l'année 1870. Vers cette date, l'Ouest américain n'avait pas encore fait sentir le poids et les effets de sa production. Ni en 1870, ni dans les années suivantes, l'agriculture française n'a formulé de plaintes; au contraire, nous avons vu à ce moment chez nous une belle période de richesse, d'abondance et d'exportations agricoles. Une statistique, vieille de onze ans, peut être un renseignement, mais elle ne fournit pas ici un argument péremptoire.

De même, quoique le nombre des bœufs transatlantiques

importés en Angleterre ait été d'environ cent soixante-dix mille têtes en 1880, on allègue qu'il ne s'en importe presque pas en France. C'est possible; toutefois il est constant que, par suite de l'importation américaine des bœufs et même des fromages et des beurres en Angleterre, la Normandie et la Bretagne n'exportent plus au delà de la Manche que des quantités de produits infiniment moindres qu'autrefois. Il y a là une perte incontestable, très sensible pour deux de nos plus belles provinces, en attendant que le bétail américain et canadien débarque directement chez nous.

On répondra que le prix de la viande est resté fort élevé en France. Empressons-nous d'admettre qu'en effet la viande est trop chère; nous voudrions voir régner partout l'abondance et le bon marché; malheureusement le haut prix de la viande n'apporte pas tout son bénéfice normal aux producteurs indigènes, par suite des mystérieuses combinaisons des intermédiaires. Quoi qu'on dise, la concurrence américaine exerce une très puissante influence sur le travail et sur les intérêts agricoles en Europe. Ceux qui y gagnent se réjouissent, ceux qui y perdent le déplorent; il n'y a rien là que de fort naturel. La concurrence en soi est-elle un mal? Non certes; mais il est des moments où, dépassant la mesure, elle accable les uns, et alors c'est le devoir des autres d'adoucir autant que possible les épreuves des victimes, ou tout au moins de ne pas les aggraver.

Chercher à se préserver des inondations n'est pas vouloir tarir les rivières, ni même empêcher les irrigations utiles. Protestons contre cette idée bizarre que, si quelque protection agricole était obtenue sous une forme ou sous une autre, « il ne nous resterait plus d'autre parti à prendre que de retourner en arrière, en coupant les routes, en brisant les voies ferrées, en comblant les canaux, en ensablant les ports, en brûlant les vaisseaux. »

Est-ce que les Américains ont marché en arrière? Bien que protectionnistes à outrance, n'ont-ils pas fait les plus grands chemins de fer du globe, canalisé le Mississipi, creusé le canal de l'Érié et bien d'autres, créé de beaux ports et construit d'innombrables vaisseaux? L'Angleterre n'a-t-elle pas, sous le régime de la protection, jusqu'en 1847, mené à bien de magnifiques travaux et promené sur toutes les mers de brillantes flottes marchandes et militaires? La France protectionniste n'a-t-elle pas couvert son sol de splendides ouvrages d'art et entrepris un vaste réseau de voies ferrées?

Quoique volontairement soumis à la gêne du système protecteur, les Américains, loin de se montrer rétrogrades, font de rapides progrès qui donnent à réfléchir. C'est ce que reconnaît M. Leng, publiciste anglais distingué qui a parcouru l'Amérique et le Canada, lorsqu'il constate le chiffre toujours croissant des importations de céréales américaines (1).

Les États-Unis ont fourni, en 1880, les deux tiers des blés introduits dans les Iles Britanniques, dont les importations générales en grains et farines de toute espèce sont évaluées à plus de 1 milliard 1/2 de francs. Cette même année 1880, les importations en Angleterre de bétail américain vivant ont représenté en valeur plus de 250 millions, les viandes abattues plus de 400 millions de francs, sans compter l'importation de beurres, de fromages et de pommes de terre. Ces chiffres sont-ils exacts? Nous n'avons aucune raison d'en douter.

Toutefois, d'après M. Leng, onze mille deux cent trente-quatre têtes de bétail seulement auraient été importées pendant l'année, et cette quantité ne correspond qu'à la nourriture de quatre jours pour les trente-quatre millions d'habitants de la Grande-Bretagne. Évidemment, ici apparaît quelque erreur fortuite, car M. Dubost, qui est optimiste, donne le chiffre quinze fois plus fort de cent soixante-dix mille têtes de bétail importé qui constituent la consommation de plus de soixante jours ou de deux mois pour l'Angleterre. En outre, l'importation des animaux vivants d'Amérique est ralentie par une protection indirecte qu'exercent rigoureusement les Anglais en exigeant, par crainte d'épizooties, que les bêtes soient abattues à leur arrivée au lieu de débarquement. Les viandes de cette prove-

(1) Conférence Leng (*Journal d'agriculture pratique*, 17 mars 1881).

nance ne peuvent donc être consommées que dans le rayon
rapidement desservi par les chemins de fer.

M. Leng pense que les importations américaines ne
s'arrêteront pas devant le retour de moissons abondantes en
Europe; il ne croit pas non plus que le bon marché des
transports des animaux et des céréales ait dit son dernier
mot. Qu'on cesse donc de railler nos préoccupations transatlantiques, et de nous accuser de pusillanimité. La preuve
que l'importation alimentaire des États-Unis n'est pas un
spectre, c'est qu'elle nous a rendu un signalé service. Tout
en déplorant les pertes infligées par la concurrence américaine, nous devons rappeler que grâce aux blés des États-
Unis nous avons évité une disette que de mauvaises récoltes
simultanées dans l'Europe entière eussent infailliblement
amenée sans ce précieux mais onéreux secours. Nos adversaires célèbrent très haut ce bienfait. De sorte que, d'après
eux, l'importation est une réalité quand elle profite aux
consommateurs et aux industriels; mais ce n'est qu'un vain
spectre quand elle fait du tort aux producteurs agricoles.
Il faudrait cependant opter entre l'une des deux appréciations. Nous avons payé 750 millions le service rendu par
les États-Unis, c'est cher; cela valait mieux que de mourir
de faim. Mais un spectre qui nourrit un pays entier ressem-
ble fort à une réalité tangible. Cette longue crise alimentaire a passé presque inaperçue pour tout le monde en
France, si ce n'est pour l'agriculture, à laquelle ce serait
le vrai moment de venir en aide

Le coup porté à la propriété et à l'agriculture est encore
bien plus sensible en Angleterre que chez nous. M. Barclay,
membre du parlement pour l'Écosse, se montre fort alarmiste
dans son mémoire sur les souffrances agricoles de la Grande-
Bretagne, qui sont devenues un sujet de vives préoccupations
nationales (1).

De même, le rapport des délégués anglais envoyés aux
États-Unis par la commission d'enquête, MM. Clare Read
et Albert Pell, tous les deux membres de la chambre des

(1) *Journal d'agriculture pratique*, 30 décembre 1880, page 922.

Communes, est fort inquiétant (1). On en connaît généralement les conclusions et les pronostics peu rassurants. Le rapport de M. Caird, cité et commenté par le *Spectator* de Londres et par la *Nation* de New-York (9 décembre 1880), n'est pas moins alarmant pour l'Angleterre et toute l'Europe.

M. Caird, dont la compétence et l'autorité dans les questions agronomiques est incontestée de l'autre côté de la Manche, juge que la lutte agricole est à peu près impossible entre les États-Unis et les vieux États d'Europe écrasés d'impôts et de charges de tous genres. Dès le mois de septembre dernier, dans un seul district d'un comté anglais, on a pu constater la liquidation et la vente plus ou moins forcée de cent matériels et attirails de fermes de la contenance totale de 55,000 acres (20,000 hectares au moins). Partout des fermes rendues aux propriétaires. Au delà d'un rayon de deux milles autour des villes populeuses, on voit des centaines d'acres de terres argileuses dont pas un sillon n'a été retourné depuis deux ans. La baisse de la valeur foncière du sol serait déjà de 25 pour 100, et la perte du revenu de moitié. Il en résulte que beaucoup de moyens et de petits propriétaires ont été obligés de quitter leurs demeures et d'aller vivre pour la plupart d'économies et de privations sur le continent.

Aussi dans l'avenir certains changements semblent menacer l'organisation agricole et foncière en Angleterre et, quoi qu'on fasse, il faut y prévoir de sensibles pertes. A en croire M. Caird, la question territoriale et culturale en Angleterre et en Irlande se résumerait dans une tendance modérée à supprimer ou plutôt à réduire en nombre ce qu'il appelle la classe ornementale de la société, classe qui contribuait peu à la production générale, mais dont les représentants rendaient d'importants services gratuits au point de vue représentatif et législatif. Car, malgré certaines périodes de corruption, c'est à l'indépendance de fortune, au sens et à la

____

(1) *Journal de l'agriculture* de M. Barral, 22 janvier 1881, page 137, et *Bulletin de la Société des Agriculteurs*, traduction de M. Dudouy.

probité politiques de cette classe que l'on doit la pureté et l'incorruptibilité présentes des institutions de la Grande-Bretagne.

« De nos jours, la complication extrême des combinaisons et des questions politiques et sociales, la nécessité de hautes capacités spéciales et techniques chez les gouvernants, d'autre part l'entraînement vers les plaisirs, ont amoindri les services de cette classe ornementale, et l'ont réduite à être un objet de luxe dispendieux et sans compensation suffisante. » En outre, le fermier anglais ne veut plus ou ne peut plus payer des fermages aussi élevés que par le passé. Il s'est fait une habitude de vie confortable et trop recherchée peut-être, dont il ne consent pas à déchoir; il prendra plutôt une autre carrière.

Lord Beaconsfield, au contraire, soutenait, dans un grand dîner politique, « que chaque ferme devait nourrir trois catégories d'individus : 1° le propriétaire qui en possède le fonds; 2° le fermier qui en loue et en exploite la superficie, et 3° l'ouvrier manuel salarié qui en travaille le sol de ses mains. »

Nous ne saurions porter de jugement sur ces appréciations opposées. Quoi qu'on pense de la sentence prononcée par M. Caird contre les vieilles classes dirigeantes d'outre-Manche, cela prouve tout au moins que les exportations du nouveau monde ne sont pas sans influence sur le sort de l'ancien. L'agriculture intensive anglaise, qui était la première entre toutes, semble gravement menacée par les écrasantes importations des États-Unis plus encore peut-être que l'agriculture française, mieux protégée par une plus judicieuse division de la propriété rurale et par un climat plus favorable à une variété de produits de luxe et d'utilité étrangers au sol de l'Angleterre.

Les grands propriétaires aristocratiques anglais ont trouvé des propriétaires démocratiques plus grands et plus forts qu'eux en Amérique. Succomberont-ils dans la lutte? M. Caird, du moins, est plein de courtoisie et leur offre un enterrement de première classe avec oraison funèbre et fleurs répandues sur la fosse qu'on leur prépare d'avance, mais qu'ils sauront vraisemblablement éviter pour la plupart. De ce côté-ci de la

Manche, les propriétaires déjà condamnés par Proudhon et autres, il y a plus de trente ans, ont survécu ; espérons qu'en dépit de sombres pronostics ils survivront encore cette fois ; seulement nous trouvons moins d'égards et moins de fleurs. Ne lit-on pas, à notre extrême surprise, dans des feuilles de bon ton, que les ruraux sont accusés « de renier leur maître pour quelques sacs d'écus? » Pourquoi les travestir ainsi en Judas? Pendant que toutes les valeurs montaient follement, les ruraux ont trouvé le moyen de maintenir le blé, à peu de chose près, au même prix qu'il y a vingt-cinq ans (1). Ils n'ont renié ni vendu personne ; toujours ils ont paisiblement soutenu les mêmes doctrines et répété les mêmes réclamations. Ce sont les libre-échangistes qui s'exposent à renier leur foi dans l'égalité, en favorisant plus ou moins ouvertement la haute protection de l'industrie en même temps que le libre échange alimentaire ; ce seraient bien plutôt des industriels qui auraient vendu leur frère Joseph pour un sac d'écus aux marchands étrangers. Joseph s'est toujours montré sans rancune. Rétorquer des personnalités n'est ni notre penchant ni notre but ; mais de quel côté, de grâce, sont donc les gros sacs d'écus et les gros profits? Du côté des gros portefeuilles et de la grande industrie, et non du côté de la charrue et des greniers à blé apparemment.

Qu'une modification plus ou moins prochaine s'opère dans les formes de la richesse, c'est possible et ce ne sera ni la première fois ni la dernière ; mais il y aura toujours une classe, une couche ou une catégorie sociale, décorative ou non, qui devra forcément réunir dans ses mains une certaine part de biens et de capitaux. Est-ce un pur paradoxe d'avancer qu'il n'y a ni richesse sans riches, ni pauvreté sans pauvres?

VIII. — PERTES SUBIES PAR L'AGRICULTURE.

Heureusement pour une forte part de la population, mais au grand détriment de la culture, l'accroissement des impor-

---

(1) Si d'ailleurs ce prix s'est un peu relevé, la valeur monétaire des métaux précieux a baissé dans une proportion plus grande ; de sorte que le blé serait relativement moins cher qu'autrefois.

tations américaines a coïncidé avec une série de mauvaises récoltes exceptionnelles en Europe.

La crise est très grave en Angleterre. Les statisticiens du Royaume-Uni évaluent à plus de 16 milliards et demi le capital d'exploitation engagé dans l'agriculture anglaise. En 1878 et en 1879, la perte occasionnée par le déficit de [la récolte est estimée à 1 milliard et demi; en 1880, les pertes ont dû s'élever à peu près au même chiffre, soit au moins 3 milliards de perte en trois ans.

En France, il y a lieu de penser que les pertes ont été proportionnellement moins énormes, quoique bien cruelles encore. Nous ne voulons pas faire de pessimisme ni nous appesantir sur le détail des souffrances endurées chez nous ; il suffira de constater et d'admettre, avec la grande majorité du pays, que l'agriculture française, aussi bien que celle de l'Angleterre, a beaucoup perdu, et que la concurrence américaine n'est pas un spectre inoffensif.

A quelle somme peut-on raisonnablement estimer l'ensemble des pertes reconnues ou prévues et des réclamations justifiées de notre agriculture, menacée par la concurrence américaine au dehors et durement éprouvée par la concurrence intérieure de la main-d'œuvre industrielle? Par suite de la surélévation de la main-d'œuvre rurale qui impose, assure-t-on, un surcroît de dépenses de 120 francs par hectare aux exploitations agricoles, l'agriculture se prétend en perte quand elle vend son blé 22 francs l'hectolitre. Que sera-ce lorsque ce prix baissera jusqu'à 18 francs et même au-dessous, ce qui n'est pas improbable?

Dans les *Annales agronomiques,* publiées sous les auspices du ministère de l'agriculture et du commerce, nous trouvons, signé par M. Dubost, un substantiel et intéressant article intitulé *le Spectre américain,* article fort optimiste qui ne saurait être taxé d'esprit d'opposition, puisque le recueil où il a paru a des attaches semi-officielles ou officieuses tout au moins. Nous y lisons, à propos des craintes d'effondrement des cours et de la ruine de l'agriculture européenne, que « nous n'avons rien à redouter de pareil... » « Supposons un instant que, par le fait des importations croissantes des

États-Unis, le prix du blé descend en France et en Angleterre à 18 francs l'hectolitre. Le prix moyen du blé étant aujourd'hui en France de 22 francs et la production de 100 millions d'hectolitres, la perte apparente pour nos cultivateurs serait de 400 millions de francs. En réalité, la perte serait moindre, l'agriculture ne livrant au commerce que les trois cinquièmes environ de sa production de blé et consommant le surplus. Le déficit dans les recettes de nos exploitations ne s'élèverait donc qu'à 250 millions de francs... Admettons toutefois une perte sèche de 400 millions. Ce serait assurément une cause de gêne pour nos cultivateurs, mais ce ne serait pas la ruine, 400 millions ne représentant que le vingtième environ de notre production agricole, qui est de 7 1/2 à 8 milliards de francs. Nos cultivateurs seraient gênés sans doute; ceux du Far-West américain seraient ruinés (1). » A ces assertions on peut opposer plus d'une objection.

Premièrement, ce chiffre de 8 milliards s'applique à la production totale de l'agriculture française; la production spéciale du blé n'atteint que 3 milliards environ. Ensuite beaucoup d'agronomes, de publicistes et de voyageurs affirment que, sans cesser d'être rémunérateur aux États-Unis, le prix du blé peut y descendre beaucoup plus bas qu'on ne l'avoue généralement, et que le cours de 18 francs sur les marchés français ne serait nullement ruineux pour les Américains.

Adoptons cependant les chiffres indiqués par M. Dubost. On ne les accusera pas d'exagération, puisqu'il n'est question ici ni du bétail ni des viandes importés. Répondons d'abord à un argument de détail. Si une perte sèche de 400 millions est si peu de chose pour une production agricole de 7 à 8 milliards, un surcroît de dépenses de 400 millions devrait être tout aussi peu de chose assurément pour une consommation de 7 à 8 milliards. Pourquoi donc une somme identique est-elle regardée comme considérable, lorsqu'elle est comptée

<hr>

(1) *Annales agronomiques*, décembre 1880, page 575.

en dépense à la consommation, et comme insignifiante, lorsqu'elle est comptée en perte à la production?

Quand bien même on attribuerait à l'agriculture, soit par des droits protecteurs, soit par de larges dégrèvements, une compensation ou une indemnité de 400 millions environ, cette somme serait encore loin d'être l'équivalent de ses pertes réelles et de la protection douanière accordée aux industriels. Admettons cependant ce chiffre comme base de la discussion. Jusqu'à quel point un système ou l'autre serait-il efficace, ou possible à appliquer? Nous reviendrons plus loin sur ce sujet.

Un point est à noter toutefois. Il est certain qu'on pourrait arriver par des suppressions d'impôt à fournir à l'agriculture une indemnité ou une compensation équivalente en apparence aux droits de douane élevés. Seulement il faut faire bien attention à ceci, c'est que la protection douanière et le dégrèvement ne reviennent nullement au même ; les effets en sont fort différents. Ainsi 200, 300 ou 400 millions de hausse provoquée par les droits de douane sur le blé et sur le bétail profiteraient directement aux producteurs du blé et du bétail vendus, tandis qu'un dégrèvement foncier représentant la même somme se répartirait forcément sur la totalité de la propriété agricole, et n'irait pas porter secours au producteur qu'on voudrait spécialement protéger.

Entre les deux systèmes on peut choisir. Comme nous le disons ailleurs, la protection, c'est le procédé artificiel du pain cher, tandis que le dégrèvement est le procédé naturel du pain à bon marché. Mais il faut absolument faire quelque chose de notable pour les intérêts agricoles en souffrance, si on ne veut pas qu'ils succombent. En tous cas, il est inadmissible d'avancer que l'agriculture ne souffre pas et que les importations américaines ne sont pas redoutables pour elle.

L'agriculture souffre si bien que les effets de la crise actuelle se font cruellement sentir sur toute une branche du travail national. Voici les fermiers français, qui composaient une classe d'hommes honorables et honorés, laborieux, satisfaits et orgueilleux même de leur situation, dont un bon nombre réussissaient dans leurs entreprises, qui de père en fils se retiraient des affaires avec profit, qui achetaient des terres, des maisons et des actions; découragés aujourd'hui, non seulement ils quittent la culture, mais ils détournent leurs enfants de suivre cette carrière, naguère encore lucrative èt considérée.

Mais, dit-on, le découragement ne se manifeste que parmi les fermiers, qui abandonnent leurs fermes louées parce que les fermages sont trop élevés; les mêmes symptômes ne se rencontrent pas parmi les petits ou moyens propriétaires.

L'élévation du prix des fermages, répondrons-nous, n'est pas la vraie cause qui décourage les fermiers; ce prix représente pour les propriétaires un intérêt de 2 à 2 1/2 pour 100 de leur capital foncier; le fermage ne saurait donc être taxé d'exagération ni sensiblement diminué. Ce serait bien plutôt dans la rareté de la main-d'œuvre et des capitaux que se trouveraient les vraies difficultés.

Les cultivateurs propriétaires sont également atteints; seulement on s'en aperçoit moins, parce qu'ils ne peuvent pas abandonner leurs propriétés; ils y sont rivés, ce n'est pas le moment de vendre; ils sont obligés d'y vivre tant bien que mal, tandis que le fermier peut s'en aller à la fin du bail, résilier ou tout quitter même, quand sa situation devient par trop difficile. Et pourtant l'on affirme que, dans beaucoup de localités, la moitié des propriétés moyennes est en vente.

Ce n'est ni pour leur plaisir, ni pour chagriner leurs propriétaires ou le gouvernement, que les fermiers et les agriculteurs de toute catégorie se plaignent et se retirent de la culture autant qu'ils le peuvent. Jusqu'à la hausse des salaires, concordant avec l'apparition des grandes importations américaines, la carrière agricole était en faveur. Et encore, remarquons que, dans ces dernières années, jamais le prix moyen du blé n'est descendu à 18 francs.

Qu'on avance que l'effet produit par les importations américaines est utile et favorable aux grandes agglomérations industrielles et urbaines par le bon marché de l'existence, rien de mieux; c'est une thèse soutenable et un bon terrain de discussion. Chacun pourra y répondre par des arguments bons ou mauvais; mais comment admettre un instant cette

affirmation que l'influence des importations alimentaires des
États-Unis est chimérique et de nul effet sur l'agriculture
européenne, « et que les craintes que l'on exprime à ce
sujet sont absolument vaines ? » Sans être un pessimiste, on
peut affirmer au contraire, croyons-nous, que l'immense
développement industriel, commercial et agricole des États-
Unis va troubler notablement l'équilibre économique du
monde moderne. Ce n'est pas sans motif que M. de la Tré-
honnais, dans le *Journal de l'agriculture*, cite cette conclusion
de la conférence de M. Read : « On ne saurait douter que
l'Amérique ne réussisse bientôt à accomplir le programme
qu'elle s'est proposé, et qui consiste à nourrir le monde
entier et à se vêtir elle-même (1). »

Par quelle contradiction voyons-nous lancer une affaire
agricole américaine par ceux-là mêmes qui contestent les
effets de la concurrence des États-Unis? Un pompeux
rapport. faisant appel aux capitaux français pour un projet
d'exploitation rurale au Texas', nous présente l'exposé
suivant :

Cinq Anglais, avec un capital de 250,000 francs, viennent
de réaliser en cinq ans, par l'élève du bétail au Texas, un
profit net de 5 millions de francs. — Tableaux comparatifs :
Frais de culture au Texas : 163 francs par hectare; rendement, 30 hectolitres; prix de revient du blé, 5 fr. 45 l'hectolitre; bénéfice, 211 fr. 50 par hectare, plus la récolte dérobée
du maïs, qui porte le bénéfice annuel à 419 francs par hectare.—En France, les frais de culture sont de 321 fr. 32 par
hectare. Le rendement ne donne qu'un bénéfice de 138 fr. 68
par hectare. Ainsi, le bénéfice obtenu sur 1 hectare est au
Texas de 419 francs et en France de 138 fr. 68. — Différence
en faveur du Texas : 280 fr. 32 par hectare. L'intérêt du capital serait pour le Texas, dans les bonnes années, de plus de
100 pour 100. L'éducation du bétail donnerait un bénéfice
de 30 pour 100 assuré, etc, etc. Voudrait-on maintenant que
le spectre américain fît prime à la Bourse de Paris?

Toutes réserves faites sur les promesses trop alléchantes

(1) *Journal de l'agriculture* du 30 avril 1881.

de ce programme, on ne peut contester l'extension presque indéfinie des ressources agricoles des États-Unis (1).

Non, l'importation américaine n'est pas un spectre ou un vain fantôme ; c'est une réalité pour la France comme pour l'Angleterre et toute l'Europe. Est-ce un bien, est-ce un mal? Que chacun apprécie la question à son point de vue; mais c'est un fait qu'on ne saurait mettre en doute, qu'il faut regarder en face, et avec les conséquences duquel on doit compter sérieusement, puisqu'il s'agit pour l'agriculture française d'une perte d'au moins 400 millions en une seule année. ·

IX. — LE FERMAGE ET LA PROPRIÉTÉ.

En quoi la suppression du fermage apporterait-elle un remède au malaise actuel? Sous le prétexte de la discussion sur les lois de douane, une campagne a été ouverte en dessous main contre la grande propriété rurale. Faut-il voir là une coalition regrettable de certains intérêts avec d'étroits préjugés? De telles imputations ne sauraient, nous l'espérons, s'appliquer aux esprits éclairés et éminents, qui ne doivent pas dédaigner les nécessités pratiques.

Les agronomes comme les économistes ne reconnaissent-ils pas que dans maintes contrées la grande culture est indispensable? Quelques esprits chagrins ne l'admettent qu'à la condition de supprimer les domaines importants, de les morceler, puis de les recomposer par voie d'association. C'est bien compliqué. Pourvu que le sol donne le plus de produits possible, et que la possession en soit libre et accessible à tout le monde, pourquoi ne pas laisser aux intérêts privés le soin de modifier ou de conserver l'état de choses présent? L'association agricole n'a pas encore réussi, que nous sachions, dans les essais tentés jusqu'ici, et la grande ou moyenne propriété foncière n'ont plus de nos jours rien de féodal ni d'oppressif.

Il ne s'agit nullement devant la douane d'une compétition entre la grande et la petite propriété; les intérêts de l'une et de l'autre sont identiques et solidaires dans cette question de

(1) Voir le rapport de Powel sur les régions arides. — *The beef Bonanza*, par le général James Brisbin. — *Les pâturages du Nouveau-Colorado et de Santa-Fé*, par A. A. Hayes. (*La Nation* de New-York, 17 mars 1881.)

tarifs et de concurrence intérieure avec l'industrie favorisée.

Comment donc se risquer à compromettre les intérêts évidents de huit millions de propriétaires, la plupart parcellaires, compris dans une population agricole de plus de vingt-deux millions d'âmes, pour faire pièce à quelques centaines de grands propriétaires français et à quelques milliers de gros fermiers?

De l'autre côté de l'Atlantique, ce ne sont pas seulement les petits propriétaires qui profitent des grosses importations dont nous sommes préoccupés, ce sont aussi bien et surtout les grands propriétaires de l'Ouest, entrepreneurs des plus vastes cultures du monde, et possesseurs de domaines de 20, 30 et 100,000 hectares d'un seul tenant, plus étendus que les seigneuries du moyen âge. Leurs champs de blé montrent des sillons de 30 kilomètres de long, et les troupeaux de chacun comptent de 20 à 90,000 têtes de gros bétail. Aussi affirme-t-on que les anciens États atlantiques souffrent relativement autant que l'Europe de la concurrence agricole de l'Ouest américain.

La grande propriété de France paraît ici hors de cause; on l'attaque pourtant sur le fermage qu'on croit être son point faible. Le fermage, voilà l'ennemi, semble-t-on dire; c'est cette forme de contrat et d'exploitation du sol qui produit seule la gène de l'agriculture française; supprimez le fermage, tout ira bien.

C'est là ce qu'il serait bon d'examiner de près. Sans prétendre que le fermage soit partout la plus belle des institutions, il est permis d'avancer que c'est une combinaison utile et féconde qui a fait ses preuves. Sous ce régime, une partie notable de l'agriculture a réalisé de grands progrès et soutenu victorieusement la lutte jusqu'à ces trois dernières années, quoiqu'elle fût abandonnée à ses propres forces, pendant que toutes les faveurs étaient réservées à d'autres.

Ce régime et ce libre contrat sont corrects et conformes aux règles de la science économique et de la justice distributive. Les saines lois de la division du travail, de la répartition proportionnelle des charges et des profits y sont de tous points respectées.

Jusqu'à ces derniers temps, le propriétaire tirait de sa terre un intérêt de 2 1/2 pour 100 tout au plus, si l'on suppute les droits de succession et les frais d'entretien des bâtiments ruraux, tandis que le fermier locataire, qui a toute la peine, touchait un intérêt de 10 à 18 pour 100 de son capital personnel, selon qu'il réussissait plus ou moins. Les fermiers eux-mêmes, à l'un des récents comices agricoles de Seine-et-Marne, ont loyalement célébré cet intérêt maximum de 18 pour 100 tiré de leurs fonds d'exploitation. En thèse générale, il est permis d'admettre que le fermier empruntait à 2 1/2 ou 3 pour 100 au propriétaire, et pouvait bénéficier à 15 pour 100, taux indiqué par M. Lecouteux dans son *Cours d'économie rurale* (1).

Cette dernière estimation peut paraître trop élevée au premier abord, et des chiffres beaucoup plus faibles ont été parfois mentionnés. Ainsi, à la réunion des agriculteurs de l'assemblée nationale, un groupe d'agronomes autorisés avait fixé les bénéfices que donne l'agriculture à 5 ou 8 pour 100 en moyenne. Encore faut-il, ajoutait-on, que le cultivateur prélève sur ce bénéfice l'intérêt de 5 pour 100 qu'il retirerait de ses capitaux par un autre placement (2) ; ce qui réduirait le profit à zéro dans un cas et à 3 pour 100 dans l'autre, résultat peu admissible en bloc.

Comment a été obtenue cette moyenne de 5 à 8 pour 100 d'intérêt ou de bénéfice? Évidemment, les honorables membres de la réunion, se plaçant à un point de vue tout différent du nôtre, ont confondu dans une même nomenclature les comptes des fermiers, des agriculteurs et des propriétaires qui avaient fait de bonnes affaires, et les comptes de ceux qui en avaient fait de mauvaises. Puis, déduisant les pertes des uns des bénéfices des autres, ils ont déclaré que la moyenne de l'intérêt agricole ressortait à 5 ou 8 pour 100. Il convient de faire des réserves au sujet de ces grandes moyennes tirées de tant d'éléments différents. Doit-on comprendre dans un

---

(1) Intérêt de 15 pour 100, *Cours d'économie rurale*, par E. Lecouteux, tome II, page 105. — 18 pour 100, pages 386 et 389 (Masny). — La ferme de Lens (Decrombecque) produit 40 hectolitres de blé à l'hectare, *ibid*, page 392. — La ferme de M. Vallerand, à Moufflaye, *ibid.*, p. 394. La ferme de Petit-Bourg et la famille Decauville, *ibid.*, p. 401.
(2) Procès-verbaux 1872-1873, tome III, p. 134.

semblable calcul les banqueroutes et les faillites? Ne faudrait-
il pas tout au moins dresser deux tableaux séparés? D'une part,
on déterminerait une moyenne uniquement d'après les opérations des fermiers qui ont plus ou moins fait leurs affaires,
mais qui sont restés au-dessus du pair. De l'autre côté, on
établirait à titre de renseignement une statistique portant
exclusivement sur les fermiers et les cultivateurs qui n'ont pas
réussi et sont tombés au-dessous du pair. En tous cas, il faudrait mettre soigneusement à part le compte des propriétaires.

Aujourd'hui, à cause de la crise agricole, il serait aussi
difficile que téméraire de fixer le taux de l'intérêt et des bénéfices dans le fermage. Mais, si l'on veut bien jeter un regard
rétrospectif sur l'ensemble des opérations agricoles des 50 ou
60 dernières années, et en tirer une conclusion générale, on
peut se faire une idée approximativement exacte de la
situation dans le passé. En effet, étant donné, d'une part, le
mince capital connu placé à l'origine par les fermiers dans
leurs entreprises de culture depuis un demi-siècle environ,
et, d'autre part, étant donnée la position actuelle de fortune
du grand nombre de bonnes familles rurales qui ont prospéré,
comment établir leur bilan sans reconnaître que le capital
primitif a rapporté de très gros intérêts, dont le résultat
final pourrait être considéré au bas mot comme analogue
à celui de l'intérêt composé? Nul ne voudra jamais croire
que, si les bénéfices du fermage n'avaient pas dépassé
de beaucoup le taux de 5 à 8 pour 100, on aurait vu un
si grand nombre de cultivateurs, plus ou moins pourvus de
capitaux, consacrer leur vie entière aux rudes travaux des
champs et y réussir à divers degrés, en élevant leurs familles,
les uns dans l'économie et les privations, les autres dans une
modeste aisance, d'autres enfin dans un luxe relatif. Les
chiffres de M. Lecouteux nous semblent donc devoir être
maintenus comme type des bénéfices de la culture prospère
dans les bons pays de la France.

Evidemment, l'écart est très considérable entre les bénéfices du fermier et ceux du propriétaire. Ne nous en plaignons
pas, au contraire; mais il est bon d'établir la vérité de la situation. Cette combinaison du fermage, très libérale et tout

en faveur de l'exploitant, était lucrative avant que l'état des choses n'eût été profondément modifié au détriment général.

Dans quelle autre industrie pourrait-on trouver à emprunter à 2 1/2 pour 100 de la main gauche, et à bénéficier à 10, 15 ou 18 pour 100 de la main droite, et cela sans aucun risque pour l'emprunteur de voir s'évanouir le capital immobilier qu'il faudra rendre? Car, outre l'avantage d'être à la fois un capital et un instrument direct de production, la terre louée a encore celui de la sécurité. L'industriel qui emprunte un million ou 100,000 francs de capital mobilier, est exposé à voir disparaître ce million ou ces 100,000 francs si les affaires tournent mal; comment les rendre sans ruine ou ne pas les rendre sans déshonneur? Au contraire, le fermier, s'il ne réussit pas, est toujours sûr de conserver intacts le sol et les bâtiments, qu'il pourra restituer intégralement.

Il est facile, du reste, de dresser en peu de mots le compte des avantages de l'opération du fermage par un exemple. Le calcul est simple; toutefois, pour l'établir, on sera forcé de s'en tenir aux chiffres admis avant la crise actuelle, qui a apporté une grande perturbation dans les rapports numériques comme dans les appréciations.

Le fermier non-propriétaire peut, avec 300,000 francs de fonds d'exploitation, cultiver 300 hectares, et tirer 15 pour 100 d'intérêt de son argent, soit 45,000 francs par an de bénéfice (1); tandis que l'exploitant, propriétaire du sol, ne pourra avec pareille somme posséder et exploiter que 75 hectares.

L'acquisition ou la possession de ces 75 hectares, au prix de 3,000 francs l'un, absorbera 225,000 francs de capital immobilisé ne portant intérêt qu'à 2 1/2 pour 100 tout au plus; ce qui donne un mince revenu annuel de 5,625 francs.

Il restera à l'exploitant 75,000 francs de capital d'exploitation ou de roulement qui lui rapporteront 15 pour 100 d'intérêt, soit 11,250 francs par an.

(1) Assurément on ne compterait pas en France un grand nombre d'entreprises agricoles consacrant 300,000 francs à la culture de 300 hectares; mais nous avons adopté ces gros chiffres pour rendre la démonstration plus simple et plus frappante.

De la sorte, l'opération du propriétaire cultivateur se résume ainsi :

Revenu foncier de la propriété . . . .   5,625 fr.
Revenu de l'exploitation agricole. . . . . .   11,250 »

                                 Total. . . .   16,875 fr.

Ainsi, le simple fermier tirera de ses 300,000 francs, 45,000 francs de revenu, tandis que l'exploitant ou fermier propriétaire ne tirera de cette même somme de 300,000 francs qu'un revenu annuel de 16,875 francs. L'écart dans les bénéfices est donc de 17 à 45. Est-ce là ce que dans maints écrits on appelle joindre aux bénéfices du fermage ceux de la propriété ?

Assurément il serait agréable d'ajouter à la possession de 300,000 francs de fonds d'exploitation la propriété de 300 hectares représentant 900,000 francs, ce qui constituerait une fortune de 1,200,000 francs, mais là n'est pas la question. La difficulté du problème à résoudre en ce moment se trouve, non pas dans la division plus ou moins grande de la propriété, ou dans le mode d'exploitation, mais dans la quantité de capital qui sera consacrée à cette exploitation même. Qui fournira les fonds nécessaires ? Sera-ce le propriétaire, qui a déjà immobilisé de grosses sommes dans la possession du sol et des bâtiments, ou le fermier, dont le capital cultural est presque toujours insuffisant ? C'est pour le fermier ou pour le cultivateur propriétaire qu'il est urgent d'organiser le crédit agricole mobilier, dont une commission s'occupe aujourd'hui, et non pour celui qui loue ses terres et auquel le crédit foncier est plus ou moins utilement destiné.

Car, bien que toutes les terres ne se prêtent pas à la culture intensive à gros capitaux, il est notoire que le capital d'exploitation est très insuffisant en France. M. Caird évalue pour l'Angleterre, non pas la valeur des terres, c'est-à-dire ce capital primitif qui résulte de l'appropriation du sol, mais l'accumulation des capitaux immobilisés sous forme de bâtiments, clôtures, chemins, drainages, etc., à 50 milliards de francs, donnant au denier 30 un revenu annuel de

1 milliard 679 millions de francs (1). M. Leng évalue à 16 milliards 1/2 le capital roulant d'exploitation engagé dans l'agriculture anglaise (2). Pour l'étendue de la France entière il faudrait au moins la même somme, soit 50 milliards d'une part et 16 de l'autre : où les trouver?

C'est en face de semblables chiffres qu'on parle sérieusement de faire changer la propriété de mains! S'agirait-il de confiscation générale? Assurément non; qui voudrait en entendre parler? D'ailleurs, comme le dit fort bien M. de Thou, « donnez le sol au cultivateur européen; il sera plus riche, mais vendra ses denrées très probablement au même prix (3). »

Citons aussi Ricardo, sous toutes réserves de sa théorie sur la rente du sol : « Le blé, dit-il, ne renchérit pas, parce qu'on paie une rente ; et l'on a remarqué avec raison que le blé ne baisserait pas lors même que les propriétaires feraient l'entier abandon de leurs rentes. Cela n'aurait d'autre effet que de mettre quelques fermiers dans le cas de vivre en seigneurs, mais ne diminuerait nullement la quantité de travail nécessaire pour faire venir des produits bruts sur les terrains cultivés les moins productifs (4). »

Ce n'est pas la propriété foncière qu'il faut songer à déplacer, ce sont les capitaux mobiliers, dont une bonne part devrait être consacrée aux améliorations agricoles, car c'est par le progrès cultural dispendieux que peut être surtout soutenue la lutte internationale.

Tout en défendant le fermage, nul ne saurait prétendre que cette combinaison n'est pas susceptible de perfectionnements importants, parmi lesquels il convient de citer les baux à long terme, les baux avec remboursement obligatoire des améliorations au fermier sortant; les clauses préconisées par lord Kames en Angleterre, et différentes mesures plus ou moins analogues à celles de la loi anglaise de 1876 sur les fermages. Mais ces considérations de détail sont hors de cause ici.

(1) *Journal d'agriculture pratique*, 26 mars 1881.
(2) *Ibid.*, 17 mars 1881.
(3) *Ibid.*, 26 mars 1881.
(4) Baudrillart, *Manuel d'économie politique*, page 390.

Pour certains agronomes, la solution du problème cultural actuel se rencontre dans le métayage qui, naguère encore, portait un cachet suranné d'ancien régime. Le métayage s'est rajeuni et a trouvé des formules nouvelles et des combinaisons variées à l'aide desquelles il peut rendre de grands services. Outre sa valeur agronomique, il a l'avantage de faire partager au propriétaire et au fermier les mêmes mauvaises et bonnes fortunes, selon les vicissitudes des récoltes ; de plus, il favorise le travail en famille et expose moins la culture aux exigences de la main-d'œuvre salariée.

En revanche, l'inconvénient du métayage est de forcer généralement le propriétaire à fournir les capitaux indispensables à l'exploitation, et d'ordinaire le propriétaire est à court de capital. Cette forme d'exploitation semble devoir prospérer principalement dans les contrées d'élevage et dans les pays de petite ou de moyenne culture ; on peut l'encourager en parfaite sécurité.

Prédire l'avenir est toujours téméraire ; toutefois les probabilités sont qu'avant de longues années la propriété foncière ne changera de forme ou d'assiette ni plus ni moins qu'aujourd'hui, si aucune violence n'intervient pour troubler l'influence légitime des intérêts privés. Les vastes domaines se diviseront lentement dans certaines localités, rapidement dans d'autres. Ailleurs la propriété rurale s'agglomèrera par la nécessité d'exploiter la terre en grandes surfaces pour économiser les frais généraux et pour trouver les capitaux nécessaires à fournir ou à emprunter.

Comme il est à croire qu'on trouvera longtemps encore avantageux d'exploiter par la grande culture une partie du sol français, la grande propriété sera vraisemblablement conservée, et la location des terres, sous une forme ou sous une autre, subsistera aussi en conséquence. Le métayage, modifié de diverses façons, remplacera sans doute utilement le fermage dans certaines contrées. Peut-être aurons-nous le regret de voir disparaître le fermage élégant de première classe, représenté chez les Anglais par le *gentleman farmer*. Mais, quoi qu'on fasse, les entrepreneurs culturaux, petits ou grands, auront toujours profit à louer ou à emprunter des terres, c'est-à-dire le capital foncier où instrument de production, dans des conditions équivalant tout au plus à un emprunt de 2 1/2 pour 100, plutôt que d'immobiliser de fortes sommes à si faible intérêt dans l'acquisition du sol qui ne rapporterait ni plus, ni moins; car le sol ne produit pas plus lorsqu'il appartient en propre à celui qui le cultive que lorsqu'il est loué par l'exploitant en bonne condition. L'avantage évident de ce dernier est de placer à gros intérêts dans sa ferme tous les capitaux dont il peut disposer et de se créer un ample fonds de roulement et de matériel agricole. Il se donnera le luxe onéreux de la propriété plus tard, lorsqu'il aura fait fortune. Pourquoi donc vouloir détruire cette institution fructueuse du fermage, très difficile à remplacer?

La richesse foncière se concentrera-t-elle uniquement sur les bois, les forêts et les maisons de ville, après avoir renoncé aux propriétés culturales? Il n'y a peut-être pas lieu de le penser. Croirons-nous ceux qui prétendent au contraire que les changements économiques produits par la concurrence américaine auront pour résultat, dans certaines régions, de déprécier la petite et la moyenne propriété pour ne laisser subsister que les grands domaines et les minimes parcelles cultivées en jardins?

Faut-il parler aussi des châteaux et des parcs qui offusquent certains préjugés vulgaires? Rien n'est si délicat que de plaider *pro domo sua*. On voudra bien nous accorder toutefois que les arbres et les prairies de ces domaines de luxe en valent d'autres comme production. En définitive, il s'agit de savoir si les châtelains apportent, dans les localités qu'ils habitent, plus d'argent, sous une forme ou sous une autre, qu'ils n'en emportent. Qu'on procède à une enquête sérieuse à ce sujet sur les châteaux de Seine-et-Oise et de Seine-et-Marne, par exemple, et qu'adversaires et défenseurs conviennent de payer les uns ou les autres, selon le résultat général, comme don gratuit aux pauvres, une somme égale à la différence qui ressortira en bloc entre les recettes et les dépenses effectuées depuis trente ans dans ces habitations onéreuses. D'ailleurs ces demeures de plaisance, souvent plus austères qu'on ne pourrait le supposer, sont si peu nombreuses que, sur les 38 millions et demi d'impôt acquittés par la propriété bâtie, elles ne payent que 685,600 fr. (1). Ni les fermages, ni les châteaux, ni la grande propriété libre ne portent aucun préjudice à la production et à la richesse générales en théorie ou en pratique.

Ce n'est donc ni par la suppression du fermage ni par le transfert de la propriété en d'autres mains que peut être conjurée ou adoucie la crise agricole si grave qui atteint le pays entier.

Que les fermiers cherchent à faire baisser le plus possible le taux de leurs locations et les propriétaires à le faire monter, rien de plus simple et de plus équitable ; cela rentre dans le libre débat de l'offre et de la demande. Mais profiter de circonstances ruineuses pour faire peser tout le poids d'une législation partiale sur une grande production nationale afin de l'écraser, c'est commettre un acte d'injustice et d'imprévoyance.

Il n'est ni juste ni scientifique non plus de soutenir qu'une forte dépréciation infligée à toute une catégorie de la richesse nationale fixe et productive ne serait pas un véritable désastre. Les États-Unis, qui ont peu de fermiers et pas de châteaux, viennent précisément de traverser, il y a quelques années, une crise analogue à celle que des imprudents sembleraient heureux de voir sévir chez nous ; la valeur de la propriété avait baissé, dit-on, de 50 pour 100, le travail et les salaires avaient fléchi dans la même proportion, les affaires étaient suspendues et, chose inouïe jusqu'alors, l'immigration en Amérique était arrêtée, et il se manifestait un courant d'émigration inverse partant des États-Unis vers d'autres contrées. Les Américains se désolaient et voyaient chez eux les ruines s'ajouter aux ruines, les faillites aux faillites. Aujourd'hui ils se sont relevés gaillardement. La propriété a retrouvé sa pleine valeur, la hausse a repris son cours ; l'or européen les inonde, et leur prospérité paraît devoir dépasser toutes les espérances. Mais ils n'en ont pas moins subi des pertes, et un temps d'arrêt réel et regrettable.

La généralité d'un pays ne saurait profiter d'une grande

(1) *Journal d'agriculture pratique*, 7 avril 1881.

perte subie par une catégorie d'habitants. En conséquence d'une solidarité plus ou moins apparente, la perte se répercute de proche en proche sur tout le monde. S'il en était autrement, comme semblent nous l'insinuer certains esprits aventureux, rien ne serait donc plus avantageux que la déconfiture des chemins de fer et la baisse de la rente à 50 francs. On pourrait se procurer à vil prix des actions, des obligations et des rentes: « Il n'y aurait là qu'un déplacement d'argent. »

Pourquoi ne pas souhaiter les mêmes infortunes à l'industrie? Une liquidation désastreuse des manufactures nous donnerait les vêtements, les instruments et tous les produits du travail industriel à vil prix. Simple déplacement de profits. Il n'y aurait rien de tel qu'une ruine générale pour vivre à bon marché, si l'on trouvait à travailler et à vivre alors. Il est bien difficile de comprendre les motifs et les sentiments de ces joueurs acharnés à la baisse agricole et à la hausse industrielle, qui paraissent se réjouir de tout ce qui met en perte le travail et la production des champs ; leur but est-il donc de pouvoir s'écrier aussi à propos de l'agriculture française: « Enfin nous avons fait faillite ! »

Il n'est pas besoin d'exagération pour démontrer que la ruine de l'agriculture serait un grand malheur pour le pays. Bien plus encore que pour le bâtiment, on peut dire : Quand l'agriculture va, tout va. Et n'est-il pas surtout singulièrement téméraire d'affirmer que l'écrasement de la propriété par la concurrence agricole étrangère pourrait amener le relèvement de l'agriculture nationale? Prétendre qu'il y a là une triste et fatale nécessité serait déjà bien assez.

D'ailleurs les agriculteurs sont plus nombreux que les industriels, et le capital placé dans l'exploitation du sol est considérable, quoique insuffisant. Le premier et le plus large débouché de nos industries n'est-il pas le marché des consommateurs français, en majorité intéressés dans la culture et la propriété foncière?

Par ces attaques contre la grande et la moyenne propriété, ainsi que contre le fermage, on veut donner le change à l'opinion, la dépister et lui faire croire que le prix du blé n'intéresse en rien nos cinq millions de petits propriétaires au-dessous de trois hectares. On prétend que, comme ils consomment une partie de leurs récoltes, peu leur importe le bas prix du blé et du pain qu'ils mangent. Mais il faut retourner l'argument et dire au contraire qu'il leur est indifférent de consommer du pain cher puisqu'ils le produisent eux-mêmes, tandis qu'il leur est extrêmement profitable de pouvoir vendre à un prix élevé le surplus de leur blé qu'ils portent au marché et qui généralement formait jusqu'ici la totalité ou la grosse part de leur bénéfice annuel.

Il est élémentaire, en matière de comptabilité agricole, de faire passer la nourriture de l'exploitant dans les frais généraux : c'est uniquement ce qui est vendu et transformé en argent qui compte comme bénéfice. Quand on ne vend pas avec profit on a travaillé pour rien, voilà le premier principe de l'économie politique aux champs, aussi bien dans les grandes fermes intensives que dans les métairies ou les chaumières.

Écartons de semblables hypothèses de joueurs à la baisse agricole, et opposons-nous de tout notre pouvoir à ce que qui que ce soit reste intentionnellement sacrifié à certaines catégories d'intérêts. Le prix du blé importe à la petite autant qu'à la grande ou à la moyenne propriété. Voudrait-on nous diviser et nous exciter les uns contre les autres? Ce serait en vain, car nous savons trop bien que l'agriculture est une en France et que ses intérêts sont solidaires. Du haut en bas de l'échelle, l'agriculture se plaint et a droit de se plaindre, n'en déplaise à ceux qui prétendent « que ses gémissements attristent le public sans lui servir à elle-même. »

X. — RUPTURE DE L'ÉQUILIBRE ÉCONOMIQUE AU DÉTRIMENT DE L'AGRICULTURE.

La situation, dans toute sa simplicité et sa gravité, se résume ainsi. On aura beau faire tous les raisonnements et les calculs que l'on voudra, il n'en reste pas moins incontestable que les Européens ne pourront plus produire de blé à des prix rémunérateurs en face de la libre concurrence et des importations croissantes des États-Unis. Les Américains ont importé en France, dans les trois années de 1878-79-80,

30 millions de quintaux de blé, qui, à 25 francs l'un, font une somme déboursée de 750 millions de francs en or (1). Grâce à la rapidité et au bon marché croissant des transports, ils en importeraient encore à plus bas prix et bien davantage à la première occasion.

De telles opérations produiront directement un profond malaise dans la culture à tous ses degrés. Que l'ensemble du pays paraisse assez riche pour supporter facilement ce lourd tribut, nous ne disons pas non, mais ceux qui forment la grande classe agricole n'en restent pas moins gravement appauvris. On s'arrange pour que la richesse des autres ne les enrichisse guère.

Autres objections : cette situation est exceptionnelle, l'exportation américaine se détournera vers la Chine, la fertilité du Nouveau-Monde s'épuisera, etc., etc. Il est fort à croire que nous verrons tout le contraire se produire pendant de longues années ; car les États-Unis contiennent d'immenses espaces et d'immenses propriétés où le sol sera cultivé, sans engrais et sans loyer appréciable, longtemps encore avant d'être épuisé.

De plus, les Canadiens affirment publiquement à qui veut l'entendre, que leur système de canalisation du Saint-Laurent est complet et que dans cinq ou six ans au plus leur réseau de chemins de fer sera terminé, de sorte qu'ils pourront, eux aussi, exploiter 100 millions d'hectares de terre fertile et nous apporter du blé à 10 francs l'hectolitre (2).

Quant à la Chine et aux diverses contrées de l'extrême Orient, elles n'ont pas d'argent disponible pour acheter le blé américain, même en temps de famine, et ne possèdent pas davantage de produits industriels à exporter en échange ; en eussent-elles qu'elles trouveraient comme nous porte close.

On nous répète : Abandonnez la culture du blé, faites autre chose ; élevez du bétail. Mais le bétail américain et

(1) *Journal des Économistes*, décembre 1880.
(2) *Rapports et Discours à la société des agriculteurs de France*, par M. Perrault, délégué du Canada (Séance du 24 février 1881).

canadien arrive déjà ou arrivera bientôt pour écraser le nôtre. Cultivez la vigne. Mais l'apparition du phylloxera a complètement retourné la situation : au lieu d'exporter des vins, la France en importe maintenant. En 1880, l'importation des vins a été de 283 millions et demi de francs et l'exportation de 224 millions et demi de francs seulement (1). La production vinicole est tombée de 50 millions à 30 millions d'hectolitres. D'ailleurs, pour une grande partie des terres un peu sèches de la France, la culture des céréales s'impose dans un assolement régulier.

Il y aurait encore infiniment de répliques du même genre à présenter et de détails à ajouter, mais cela rentrerait dans les discussions techniques qui ne sont pas de mise ici, et que peuvent seuls aborder les spécialistes.

Ce qui précède suffit à démontrer que l'agriculture et la propriété foncière de la France sont gravement menacées et compromises si l'on ne vient pas efficacement à leur aide. Or l'agriculture étant la plus vaste opération de la France, celle qui occupe le plus grand nombre de bras, les vingt-deux millions de producteurs agricoles constituant après tout le premier marché de placement des produits industriels indigènes, il s'ensuit que l'agriculture ne peut pas être ruinée un beau dimanche sans que la France entière soit ruinée aussi le dimanche d'après, l'industrie et les manufactures avec le reste. Le pays doit donc savoir qu'il se trouve menacé d'une baisse universelle et considérable (2).

Les optimistes objectent en vain que les souffrances, s'il y en a, sont exceptionnelles. Qu'importe, après tout, disent-ils, que quelque trente mille propriétaires et autant de fermiers découragés voient leur revenu diminué de moitié, pourvu que la gêne n'atteigne pas la masse du pays. A supposer que l'agriculture se ruine, le paysan et l'ouvrier s'enrichissent. Et d'ailleurs, si les souffrances étaient aussi vives qu'on le prétend, comment le mécontentement de la population agri-

(1) *Journal d'agriculture pratique*, 24 février 1881.
(2) Voir l'article peu rassurant de M. Reinach dans le *Journal des Débats* (novembre 1880). Le remarquable volume de M. Paul Leroy-Beaulieu sur *la répartition des richesses* n'est pas consolant non plus à cet égard.

cole ne se manifesterait-il pas efficacement en toute occasion?

Mais tout d'abord ceux qui se risquent à formuler des griefs sont taxés d'esprit d'opposition systématique, ce qui est un prétexte commode dont on s'empare pour leur faire perdre tout crédit. Depuis plusieurs années les passions politiques ont seules occupé le terrain électoral et l'occuperont encore quelque temps au détriment des questions économiques.

Il est aisé, du reste, de s'expliquer pourquoi le paysan et l'ouvrier rural n'ont pas encore été généralement atteints par la crise actuelle. La prospérité universelle avait amené la hausse des salaires, et ce mouvement ascensionnel n'a pu s'arrêter ni surtout rétrograder brusquement. Les ouvriers et les petits propriétaires des campagnes possèdent un fonds considérable d'avances et d'économies placées. Leur situation est tellement supérieure à ce qu'elle était il y a vingt ou trente ans, qu'ils ne sentent pas encore trop l'effet du temps d'arrêt ou de recul de la prospérité agricole du pays. Pour eux les frais d'existence se sont peu accrus, tandis que la rémunération de leur travail s'est beaucoup augmentée.

Dans les régions de culture intensive du Nord, la forte somme de capital consacrée à l'exploitation du sol avait permis d'élever notablement les salaires. La culture de la vigne, qui exige beaucoup de main-d'œuvre, avait enrichi le Midi d'une façon inespérée. La création des premières lignes de chemins de fer, en ouvrant subitement des débouchés aux produits, avait répandu la richesse jusque dans les extrémités de la France, et peut-être dans l'Ouest plus qu'ailleurs. Rien que la construction des voies ferrées, sans compter les dépenses d'embellissements des grandes villes, a jeté plus de 5 ou 6 milliards de salaires extraordinaires dans la classe ouvrière. Et l'on doit remarquer que ce sont les ouvriers de province qui ont fait les chemins de fer et en partie démoli et rebâti Paris. La Creuse, entre autres, y a gagné bon nombre de millions.

La grande propriété et le capital ont naturellement été frappés avant la petite culture et la main-d'œuvre. Mais aujourd'hui déjà, dans le Midi dévasté par le phylloxera, le paysan et l'ouvrier souffrent cruellement. On est malheureusement fondé à croire que la crise, en se prolongeant, se fera sentir dans le reste de la France et n'épargnera personne. Le tour de la main-d'œuvre rurale à éprouver une perte sensible ne saurait donc manquer de venir bientôt, comme une conséquence inévitable de la mauvaise situation actuelle. C'est la prospérité générale qui a fait la fortune des travailleurs des campagnes ; ce n'est assurément pas la ruine ou la misère de l'agriculture qui les enrichira.

Quant aux paysans, ne sont-ils pas en outre menacés, dit-on, de disparaître devant les machines ? Nous lisions récemmen ces lignes, signées d'une plume élégante : « Que parle-t-on d'améliorer le sort des paysans pour empêcher la désertion des campagnes? Avant un siècle on pourra se passer des paysans, et ils disparaîtront, comme ont disparu les espèces dont le rôle était fini. Il n'y aura plus que des ingénieurs agricoles (1). » Eh quoi, nos paysans, des inutiles ! Est-ce sérieux? Si l'on supprime les propriétaires, les fermiers et les paysans, que restera-t-il dans nos campagnes? Des escouades de terrassiers nomades, étrangers ou indigènes, militairement embrigadés sous le commandement d'ingénieurs galonnés, grassement rétribués par l'État. Précisément aujourd'hui l'Angleterre regrette la classe perdue de ses paysans, et déplore la triste institution de ces *Gangs* agricoles, troupes de travailleurs errants qui cultivent presque à eux seuls le sol britannique.

D'une façon ou de l'autre, pourra-t-on conjurer complètement la crise actuelle, et éviter une dépréciation générale quelconque? Nous ne le croyons pas. La magnifique invention des chemins de fer et des bateaux à vapeur, qui nous a si largement et si rapidement enrichis depuis quarante ans, se retourne aujourd'hui contre nous et devient à nos dépens l'instrument d'une concurrence extérieure écrasante et sans réciprocité suffisante. Ne doit-on pas reconnaître que, d'ici à

(1) *Journal des Débats*, 6 juin 1878.

longtemps, les probabilités sont que la situation restera la même ou s'aggravera? Nous sommes à une époque de transition pénible ; nous devons nous arranger pour la traverser du mieux qu'il sera possible. Heureusement que, dans les jours de prospérité, la France a su opérer de puissantes épargnes et de lucratifs placements à l'étranger. Mais afin de lutter contre les circonstances adverses, il faut faire un emploi judicieux de ces capitaux, et en immobiliser une partie dans le sol français au nom de la solidarité sociale, économique et supérieure, qui existe quand même entre les intérêts divers et opposés d'un grand pays.

Lorsque la récolte est bonne, les agriculteurs se tirent encore à peu près d'affaire, jusqu'ici du moins, mais ce qui les abat, c'est que la rareté du blé n'en fait pas hausser le prix. Bien que la moyenne actuelle des cours soit un peu plus élevée qu'autrefois, la perte est accablante par suite de l'augmentation continue des frais de production. L'intermittence climatologique étant une loi physique, il faudra trouver des compensations ou des moyens détournés pour que les mauvaises années n'anéantissent pas complètement l'industrie agricole.

Au point de vue théorique et selon le droit légal, l'agriculture semble de tous points autorisée à faire entendre les réclamations les plus formelles. Au point de vue pratique, en face du présent fâcheux et de l'avenir menaçant, que demande l'agriculture, qu'a-t-elle le droit de demander comme compensation ou indemnité?

D'abord elle a le droit d'exiger l'égalité de traitement avec l'industrie, c'est-à-dire un régime commun et non un régime d'exception. Tout a des limites, et la culture ne peut plus continuer un effort aussi extraordinaire que par le passé, ni supporter, sans compensation d'aucune sorte, la nouvelle baisse qui lui est imposée.

Les salaires de la main-d'œuvre industrielle ou urbaine se sont élevés avec les bénéfices de l'industrie à un tel taux que l'agriculture ne trouve plus d'ouvriers à un prix abordable ; elle demande le moyen d'élever les salaires qu'elle donne, et non d'abaisser la rémunération générale de la main-

d'œuvre. La rupture de l'équilibre économique au détriment
de l'agriculture est un fait accompli; il y faut d'urgence apporter un remède efficace et puissant. Il ne s'agit plus ni
de palliatifs ni de demi-mesures.

Quelle est du reste la situation comparative des intérêts
agricoles en face des intérêts industriels? C'est facile à
établir.

Si l'on considère l'impôt foncier comme une patente sur
l'agriculture, équivalente par ses effets à la patente ordinaire
exigée des commerçants et des industriels, on trouve qu'avec
les centimes additionnels l'impôt foncier est de 356 millions,
tandis qu'on ne compte que 159 millions de taxes sur les
patentes industrielles et commerciales pour un capital et des
profits beaucoup plus considérables que ceux de l'agriculture, qui supporterait de ce chef une charge dix ou quinze
fois plus pesante que celle du commerce et de l'industrie (1).

La France exporte tous les ans pour 1,800 millions d'objets manufacturés et en importe pour 500 millions seulement.
Cette différence avantageuse de 1,300 millions, à qui profite-
t-elle? Non pas à l'agriculture nationale assurément, qui a
vu importer pour 750 millions de francs de blé pendant
qu'elle n'exportait presque rien. On vient de constater que le
capital des propriétaires fonciers agricoles leur rapporte de 2
à 3 pour 100, tandis que le capital équivalent rapporte
sept ou huit fois plus aux industriels et aux commerçants.

L'agriculture a subi des pertes sensibles durant trois
années désastreuses de suite, juste au moment ou une concurrence nouvelle surgissait contre elle. Pendant ce temps
l'industrie, le commerce et les affaires prospéraient. C'est
donc au tour de l'industrie, du commerce et de la richesse
mobilière de venir au secours de l'agriculture aux abois
par des concessions qui ne seraient, après tout, que le sacrifice de faveurs toutes spéciales et le retour au droit commun.

Dans quelle mesure et sous quelle forme une indemnité, une
compensation doit-elle être donnée à l'agriculture? Quelle

_____

(1) *Journal des Débats*, 8 mars 1881.

serait la somme d'argent nécessaire pour aider efficacement les agriculteurs?

D'après les estimations qui paraissent les plus modérées, le prix de revient, c'est-à-dire sans bénéfice, du blé en France serait en moyenne de 27 fr. 50 le quintal métrique ou de 20 fr. 50 l'hectolitre. Le prix du blé américain rendu au Havre varierait, selon les diverses autorités, de 14 à 18 francs l'hectolitre (1).

Le producteur américain est donc en avance sur le producteur français. Lors même que quelque inexactitude ou quelque exagération se serait glissée dans ces chiffres, il reste un écart certain. Cet écart nous a coûté en trois années consécutives de mauvaises récoltes 750 millions, rien que sur les blés, sans compter, bien entendu, tout ce que la baisse a fait perdre à nos agriculteurs nationaux. Il n'en sera pas toujours ainsi, mais chaque période décennale pourrait bien donner à peu près les mêmes résultats généraux. Car les États-Unis et le Canada travaillent activement à augmenter leurs exportations et à abaisser leurs frais de transport.

Désormais les consommateurs français et tous les amateurs de popularité réclameront le blé à 18 fr. l'hectolitre ; et pour satisfaire nos producteurs il faudrait le maintenir au-dessus de 22 francs l'hectolitre. Afin d'arriver à une solution plus ou moins approximative, les uns proposent de sacrifier les agriculteurs, les autres de sacrifier les consommateurs, quelques-uns de partager également le fardeau. Trois systèmes sont présentés :

1° Celui de la protection douanière ;
2° Celui du dégrèvement d'impôts ;
3° Celui de l'égalité réelle, soit dans la protection modérée, soit dans le libre échange complet.

Enfin reste le *statu quo* actuel, qui est ruineux pour les agriculteurs.

(1) *Journal des Économistes*, décembre 1880, page 470, brochure et discours de M. Chotteau.

XI. — TARIFS PROTECTEURS OU DÉGRÈVEMENTS.

Le système communément recommandé pour favoriser les intérêts agricoles est la protection douanière plus ou moins déguisée sous le nom de droits compensateurs : c'est un procédé simple, mais exactement aussi onéreux pour les uns que profitable pour les autres, ce qui n'étonnera personne.

Le droit de douane généralement réclamé serait de 3 ou 4 francs par hectolitre ; adoptons ces chiffres. La France produisant plus de 100 millions d'hectolitres de blé dans les bonnes années et environ 70 millions dans les mauvaises, l'augmentation du prix de vente qui résulterait du droit de 3 ou 4 fr. par hectolitre, à supposer que tout le bénéfice en revînt au producteur, assurerait à l'agriculture (les deux cinquièmes de consommation et de semences déduits) un bénéfice annuel variant de 240 millions à 165 millions de francs, sans compter les avantages considérables qu'elle retirerait des droits fiscaux ou protecteurs imposés sur beaucoup d'autres produits : mettons 400 millions environ comme *desideratum* normal.

Il y aurait fort à dire à ce propos; quelques remarques suffiront ici. D'abord, quelle serait la hausse provoquée par le droit protecteur de 3 ou 4 francs? Serait-ce 2, 3 ou 4 francs par hectolitre ? Les avis sont partagés ; car sur ce point les expériences ne sont pas concluantes et le doute subsiste. Une chose paraît certaine, quoi qu'en disent certains théoriciens, c'est qu'un droit imprimera toujours un mouvement de hausse notable au prix des céréales. C'est même pour cette raison que les uns le demandent et que les autres le repoussent.

La théorie de l'origine des prix nous semble confuse. Le prix résulte-t-il d'une moyenne compensée entre l'abondance et la rareté locales du produit, entre l'offre et la demande, ou bien est-ce une question de majorité inconsciente? C'est-à-dire la baisse s'établit-elle au plus bas cours possible dans un grand pays lorsque les belles récoltes y sont en majorité sensible, et la hausse monte-t-elle au cours le plus élevé quand les mauvaises récoltes se montrent de beaucoup les plus nombreuses ? On pourrait avancer que la minorité se voit forcée de suivre en profits ou en pertes les cours déterminés par la majorité ; mais il est plus probable que les prix sont la résultante de plusieurs influences diverses dont la science ne donne encore, croyons-nous, ni une analyse ni une démonstration satisfaisantes. L'examen de la question dépasse le cadre de cette étude.

Relevons seulement ici une contradiction ou une simple inadvertance. Le renchérissement factice et la surélévation du prix des subsistances est le grand argument invoqué de toutes parts contre les droits sur les importations des denrées alimentaires et des matières premières. Néanmoins, M. le ministre de l'agriculture et du commerce vient, le 2 avril 1881, affirmer à la tribune que « les importations et les exportations n'influent pas sur les prix des denrées alimentaires. La hausse et la baisse des prix tiennent à d'autres causes. » A laquelle de ces théories contraires faut-il se rattacher ?

En tous cas, soit que les taxes d'importation influent plus ou moins sur les prix, soit qu'une part de cet impôt et des profits du fisc tombe à la charge des étrangers, il reste évident que plus de 200 millions sortiraient de la poche des consommateurs au profit des producteurs ; ce ne serait pas une injustice en soi.

Mais ce procédé a l'inconvénient d'établir toute une série de valeurs et de prix factices et artificiels qui ne peuvent manquer un jour ou l'autre de se trouver sur des points importants en désaccord criant avec la réalité des choses, et il est improbable que ce désaccord puisse être maintenu longtemps sans dommage.

Certes, cette objection a sa valeur. Il n'en demeure pas moins avéré que le droit de l'agriculture de faire protéger son travail et ses produits, quoi qu'il en coûte, reste absolu et inattaquable, dès qu'une autre branche du travail national est protégée.

Entre deux maux il faut choisir le moindre ; chercher une solution pleinement satisfaisante serait une pure chimère. Il

est inutile de plaider ici la cause de la protection douanière ;
son programme est connu et a été brillamment et patrioti-
quement exposé et défendu, avec les concessions qu'il comporte, par les hommes les plus compétents et les plus éminents dans les assemblées, dans les comices agricoles, à la Société des agriculteurs de France et dans la presse spéciale.
D'ailleurs, l'agriculture consentirait sans doute en grande
partie à abandonner son droit à la protection des blés
moyennant une compensation suffisante et une protection
efficace pour le reste de ses produits, sans préjudice de
notables dégrèvements.

Les agriculteurs et les propriétaires auraient raison de faire
le sacrifice des taxes d'importation sur les blés, tout en réservant théoriquement leur droit légal. Cette forme d'impôt
est trop impopulaire et a été trop violemment attaquée pour
qu'on puisse espérer la faire accepter paisiblement au
pays. Assurément cette impopularité résulte d'un préjugé,
et l'invoquer comme argument, c'est déplacer la question
en la portant sur le terrain politique. Nous le savons, mais
autant vaudrait aujourd'hui proposer le rétablissement de la
dîme que celui des taxes sur les blés importés. De nos jours,
le contribuable paye peut-être autant ou plus qu'autrefois,
mais d'une façon beaucoup moins pénible et moins vexatoire.
Le pays acquitte allègrement le décime et le double décime,
mais la dîme, jamais ; en parler serait provoquer une révolu-
tion dans les six mois. Le tout est de savoir à propos donner des noms nouveaux aux choses anciennes ou des noms
anciens aux choses nouvelles, et d'éviter de se heurter de
front à des préjugés invincibles. Ce n'est pas que les nécessités et les règles actuelles soient toujours plus douces que
celles d'autrefois.

Les vieilles ornières n'ont-elles pas été remplacées par
le rail moderne, dont les exigences sont beaucoup plus impérieuses ? On pouvait se hasarder à sortir de l'ornière sans
trop de danger, tandis qu'on ne saurait dérailler sans risquer
sa vie.

Il faut pourtant, à tout prix, suivre désormais une voie différente ; car, quoi qu'on dise, il est difficile de ne pas recon-

naître que les intérêts agricoles sont en péril. On voulait se persuader et persuader au pays que cela se passerait tout seul; pourtant force a été d'admettre publiquement la gravité de la situation. L'on s'est donc décidé à parler, à discuter, à écrire et à voter surabondamment, mais le résultat est mince et peut se résumer dans le maintien d'un fâcheux *statu quo*, à peine amélioré.

Qu'a-t-on offert depuis deux ou trois ans aux agriculteurs en compensation des charges et des sacrifices exagérés auxquels on les condamne? Dans la séance du 26 février 1881 au Sénat, l'honorable M. Jobard affirme que le véritable remède aux souffrances de l'agriculture est la propagation de l'enseignement agricole. Les cultivateurs sont découragés, les intérêts ruraux sont gravement compromis, l'avenir est plus sombre que le présent, quel secours nous apporte-t-on? Un gigantesque programme de dix milliards de travaux publics à exécuter prochainement, c'est-à-dire qu'une grosse fraction de la main-d'œuvre si rare, et dix milliards seront retirés à l'industrie, à l'agriculture et au commerce, pour être consacrés à des entreprises peu lucratives, non indispensables, et ne pouvant produire que de lointaines conséquences favorables. On multiplie les moyens de transport, alors que ce sont les produits à transporter et surtout à consommer qu'il faudrait plutôt multiplier, et quand l'exploitation agricole aurait besoin de douzaines de milliards afin de pouvoir consacrer à chaque hectare la somme nécessaire pour tirer partout bon parti de notre sol.

Pourtant notre agriculture devrait être la première à pourvoir; elle est en fin de compte une entreprise de premier ordre. Par elle vit et travaille une population de vingt-deux millions d'habitants; ne représente-t-elle pas une valeur de cinquante milliards de capital fixe, et de quatre milliards environ de fonds de roulement annuel, si l'on attribue en moyenne, à chacun des quarante millions d'hectares cultivables de notre territoire, cent francs de capital d'exploitation, somme absolument insuffisante d'ailleurs?

Le second moyen proposé pour venir en aide à l'agriculture consiste en dégrèvements. L'idée est excellente, mais

encore petitement appliquée. C'est une goutte d'eau pour
une grande soif. La goutte d'eau fait déborder le vase, dit-on;
oui sans doute, quand le vase est plein, mais le nôtre est
vide.

Et puis, remarquons-le, quand il s'agit de la production
du blé, c'est par le dégrèvement des boissons qu'on commence. Est-ce la famille qui se trouve favorisée ainsi, est-ce
le cabaret, le grand électeur du temps? Et le dégrèvement
des sucres, à qui va-t-il surtout profiter? Aux consommateurs,
ce qui est parfait, mais aussi sans doute aux raffineurs, qui
sont d'honorables industriels sachant faire tourner les choses
à leur profit légitime. Ne doit-on pas reconnaître que l'avantage tiré de ces diminutions de taxes est bien minime pour la
culture?

Les faibles surélévations de droits résultant du compromis
entre la Chambre et le Sénat ne sauraient en rien modifier la
situation. Tout ce qu'on a dit, fait, voulu ou paru vouloir
faire en faveur de l'agriculture reste notoirement insuffisant;
aussi est-il inévitable qu'un découragement profond et jus-
tifié vienne paralyser de plus en plus les efforts tentés par
les agriculteurs dans la pénible lutte qu'on leur impose.

Pourtant un homme s'est rencontré qui n'a pas craint,
l'année dernière au comice agricole d'Éprunes, et tout
récemment dans la réunion du centre gauche, de proposer
le dégrèvement de l'impôt foncier, l'arche sainte à laquelle
personne n'osait toucher. Ces propositions resteront-elles à
l'état de promesse fugitive et d'aspirations électorales? Nous
verrons bien. En attendant, ce qui est dit est dit, qui plus
est, fort bien dit, et encore mieux écouté. M. le président du
Sénat a parlé d'or. Mais ce n'est pas là une mince affaire, et
il y a lieu de réfléchir avant de se lancer sur cette voie, où
il sera difficile de faire machine en arrière.

Bien parti sur son chemin rural de Damas, M. Léon Say
ne va pas assez loin. Le dégrèvement qu'il propose sur
l'impôt foncier se réduit à 40 millions de francs par an, ce
qui attribuerait en moyenne à chacun de nos quatre-vingt-six
départements un allègement d'impôt de 460,000 francs,
soit de 0 fr. 81 par hectare et de 2 fr. 93 au maximum pour

quelques cultures exceptionnelles du département du Nord, ainsi que l'a fort bien dit M. le marquis de Dampierre (1). Quoiqu'il faille se défier des grandes moyennes, il reste évident qu'un tel secours accordé à la culture est presque dérisoire. Il y a un terrible écart de là aux 300 ou 400 millions qui seraient nécessaires pour accommoder le différend qui existe entre la consommation générale et la production agricole, rien que sur la question spéciale du blé.

Sans vouloir pousser plus loin que de raison la discussion de cette idée, bonne et juste en soi, il nous suffira de dire que le dégrèvement proposé de 40 millions, dont une fraction seulement intéressera le producteur de blé, est absolument insuffisant, et ne pourrait satisfaire efficacement aux exigences de la situation. M. Joigneaux, député de la Côte-d'Or, se montre formellement de cet avis (2).

Le dégrèvement sur les sucres et les boissons touche plus directement les producteurs industriels qu'il vise; les 152 millions semblent leur profiter réellement, tandis qu'à l'ensemble des innombrables producteurs de blé, des milliers de fois plus nombreux, le dégrèvement de M. Léon Say n'apporterait que 40 millions de boni, c'est-à-dire moins du tiers, et resterait sans effet appréciable. Au contraire, le droit de douane ne fît-il que surélever de 2 francs le prix du blé, ce seraient 120, 160 ou 200 millions de francs entrant directement et immédiatement dans la poche des producteurs de blé, qui, sur un rendement de 15 hectolitres, toucheraient ainsi 20 francs en moyenne par hectare, au lieu des 0 fr. 84 justement signalés par M. de Dampierre. Et encore l'agriculture ne se trouverait-elle pas dans une position brillante. Avec des dégrèvements, même considérables, la situation serait difficile; toutefois la cause de la protection douanière paraissant perdue à la suite du vote récent des Chambres, il ne reste plus d'espoir que dans le système des dégrèvements largement appliqué, grâce auquel l'agriculture française pourrait

(1) Lettre publiée dans le *Journal de l'agriculture* du 12 mars 1881, page 417.
(2) *La Gazette du village.*

sans doute affronter tant bien que mal des luttes nouvelles tout en maintenant le pain et le blé à bon marché.

Nous savons que cette somme de 300 ou de 400 millions, *desideratum* de l'agriculture, dépasse le principal de l'impôt foncier, qui sans les centimes additionnels est de 170 millions de francs, dont 120 millions seulement pour les propriétés rurales. Le budget de 1882 porte l'impôt foncier, centimes compris, à 356 millions de francs (1). Mais cette difficulté pratique, bien que fort grande, est-elle insurmontable?

La propriété foncière acquitte l'impôt sous diverses formes, on peut donc la dégrever sur plusieurs chefs. Dans un intéressant rapport présenté à la Société des agriculteurs de France (séance du 30 avril 1880), M. le comte de Luçay signale l'exagération des charges publiques supportées par les agriculteurs. L'impôt et l'ensemble des différents droits s'élèvent à 637 millions sur 1,905 millions de revenu net annuel attribué à la propriété rurale par l'enquête de 1869. Un tiers du revenu serait donc absorbé par le fisc, et il resterait encore à solder les intérêts d'une lourde dette hypothécaire et tous les impôts indirects.

M. P. Leroy-Beaulieu estime que le prélèvement fiscal au profit de l'État, des départements et des communes sur le revenu foncier ne doit être évalué qu'à 23 pour 100, près du quart (2) L'éloquence de ces divers chiffres est incontestable. Pour adoucir la crise, sans la conjurer toutefois, pour donner à l'agriculture une compensation admissible, il faudrait arriver au moins à une réduction d'impôts dont l'ensemble approcherait des 400 millions indiqués par M. Dubost comme la vingtième partie de la production agricole, et dépassant de beaucoup la proposition de M. Say. Au dégrèvement de 82 millions sur les sucres et de 70 millions sur les boissons, devrait donc s'ajouter un dégrèvement de 248 millions, pris par moitié, par tiers ou par quart sur diverses contributions, afin de compléter cette somme de 400 millions, minimum néces-

(1) Discours de M. Léon Say, à la réunion du centre gauche.
(2) *L'Économiste français* du 17 juillet 1880.

saire pour alléger les charges accablantes pesant de toutes parts aujourd'hui sur la propriété et sur l'exploitation agricoles (1).

Assurément nous ne songeons pas à dresser un budget ni à décider ce qui est possible et ce qui ne l'est pas. Le but de cette étude est de préciser la situation à tous les points de vue. Mais en face de phénomènes économiques nouveaux, ne faut-il pas adopter des mesures nouvelles ? La richesse mobilière et industrielle prend dans le monde entier un développement inconnu jusqu'à présent ; il est donc impossible de maintenir rigoureusement un système de taxations antiques et surannées. Là où est la richesse, là doit frapper l'impôt. L'agriculture et la propriété sont pauvres et accablées par la concurrence ; ce sont elles pourtant qui payent une part proportionnelle de contributions infiniment plus fortes que les autres formes de la fortune publique et privée. Les choses peuvent-elles durer ainsi? Les patentés sont un million, on les a déjà dégrevés ; les petits propriétaires de moins de 3 hectares sont cinq millions : quand sera-ce leur tour de dégrèvement? Les deux grandes divisions du travail humain et de la production universelle méritent une égale sympathie.

A qui profiterait le dégrèvement de l'impôt foncier? Aux grands propriétaires surtout, dit-on. Mais, comme le remarque fort bien M. Léon Say, « ce sont les petits propriétaires, au contraire, ceux qui cultivent à moitié fruit ou par eux-mêmes, qui bénéficieraient du dégrèvement et verraient diminuer dans une certaine mesure les frais généraux de leur production, » — à la condition que la somme de ce dégrèvement fût suffisante, ajoutons-nous. Il n'y aurait donc pas lieu de s'alarmer ; l'avantage fait à la grande propriété serait

---

(1) Dégrèvement sur les sucres . . . . 82 millions.
— sur les boisssons. . . . . 70 »
— sur le principal de l'impôt sur les propriétés non bâties, les deux tiers. 80 »
— sur l'enregistrement et le timbre, moitié. 100 »
— d'après les desiderata divers exprimés par la commission supérieure de l'enquête agricole . . . . 70 »

Total . . . 402 millions.

mince et à longue échéance. Le spectre féodal est loin; préoccupons-nous du spectre américain.

On semble croire que l'industrie a le droit d'être protégée et qu'on doit livrer pieds et poings liés à la concurrence étrangère l'agriculture, parce que cette dernière jouit des forces productives soi-disant gratuites du sol qualifiées de rente de la terre, terme obscur et contestable qui n'a pas de signification précise. Loin d'être en partie gratuite, la production agricole exige de grands capitaux et rapporte moins de bénéfices que la production industrielle. Comme la Fortune de la Fontaine :

> *La terre aussi* nous vend ce qu'on croit qu'elle donne.

XII. — L'AGRICULTURE RESTE VICTIME DE LA HAUTE PROTECTION INDUSTRIELLE ET DU LIBRE ÉCHANGE ALIMENTAIRE.

On se livrait autrefois dans les châteaux à un jeu innocent, mais fort indiscret, qui consistait à demander à chacun : Laquelle de deux personnes indiquées voudriez-vous sauver avec vous dans un naufrage, si vous étiez forcé de choisir ? — « Je sauverais ma mère, et je me noierais avec ma belle-mère; » répondait la comtesse de Boufflers. Mais dans le dilemme économique présent, il faut répondre sans hésitation que nous voulons être sauvés tous ensemble, avec l'agriculture notre mère aussi bien qu'avec l'industrie notre belle-mère.

L'égalité économique dans le travail, quelle qu'en soit la forme, dans la bonne ou la mauvaise fortune, quelles qu'en soient les chances, c'est là le vrai terrain du débat, ou plutôt de la conciliation. On ne s'entend pas sur les intérêts économiques; entendons-nous sur le principe supérieur de l'égalité devant la loi, grâce auquel on ne se trompera pas et on ne trompera personne. Que la législation douanière soit rendue conforme à l'égalité adoptée comme base de nos institutions.

Pourquoi infliger plus longtemps aux classes rurales une

injuste inégalité sans compensation? Rappelons qu'aujour-
d'hui, entre la protection industrielle et l'écrasante concurrence alimentaire libre, la différence reste par trop grande.
Supposons que le tarif protecteur représente pour l'industrie
une plus-value de 20 ou 30 pour 100, le même tarif impose
aux agriculteurs, par la concurrence agricole universelle et
par la cherté de mille produits protégés, une moins-value de
10 à 20 pour 100. Cette différence établit un écart de 40 à
50 pour 100 en faveur de l'industrie et des manufactures au
détriment de l'agriculture et des agriculteurs. Et pourtant,
les ouvriers agricoles sont les plus nombreux et leur œuvre
est importante entre toutes.

En cas de guerre, une nation continentale, dont la subsistance serait pour la moitié à la merci des importations
étrangères, ne se trouverait-elle pas d'une singulière faiblesse
en face de nations voisines vivant dans d'autres conditions?
Ceux qui prétendent qu'abandonner ou trop restreindre la
culture du blé national serait un genre nouveau de désar-
mement ou d'abdication ont-ils complètement tort? Le gouvernement du pays par le pays est une belle chose, mais la
nourriture du pays par le pays en serait une autre non moins
belle et non moins considérable.

Pour l'agriculture, qui est l'exploitation du sol même de
la patrie, nul ne demande la supériorité, mais on lui doit
l'égalité. Aujourd'hui, il n'y a de faveurs effectives que pour
la démocratie urbaine. Le dernier mot de cette partialité
singulière a été récemment lancé au milieu des fulgurations
de l'apothéose par l'illustre triomphateur lui-même. « Le
travail des champs est humain, le travail des villes est
divin, » a dit au peuple de Paris Victor Hugo, qui ne par-
viendra jamais à nous faire oublier qu'il est le plus grand
génie poétique du temps. Pourquoi cette partialité? Le travail
vail est également humain et d'ordre divin partout. Ne de-
mandons pas le droit au travail, qui est une chimère, mais
réclamons énergiquement l'égalité des droits des travailleurs,
qui est la justice. Tous les ouvriers et tous les producteurs
français doivent être égaux devant la loi de douane comme
devant toute autre loi ; ils ne le sont pas. Aurions-nous fait

ou subi une demi-douzaine de révolutions pour maintenir des privilèges? Or, aujourd'hui les ouvriers comme les patrons des villes sont des privilégiés, les campagnards sont sacrifiés.

On objectera que la France, ne pouvant pas se suffire toujours à elle-même, se voit forcée de recourir à l'étranger. Félicitons-nous des échanges internationaux qui peuvent être la source de grandes richesses et d'un grand bien-être. Mais, comme l'a dit le regretté Léonce de Lavergne, gardons-nous de transformer le libre échange en protection à rebours. Il nous faudrait donc, en fait de douanes, une sorte de digue protectrice submersible, laissant passer et repasser le flot supérieur, mais empêchant que la plage se trouvât jamais à sec lors de la marée descendante.

Nous touchons à un moment psychologique d'évolution économique et sociale; on ne saurait s'opposer au courant général et aux tendances universelles, mais l'action bonne ou mauvaise exercée par les gouvernants dans de telles évolutions n'est pas sans effet. Il est indispensable pour l'avenir du pays de faciliter la transition actuelle.

C'est le travail agricole qui se trouve aujourd'hui en détresse; la cause en doit être attribuée surtout à l'inégalité. Il faut donc le replacer dans sa situation d'égalité normale, afin de lui permettre de reprendre d'ici à quelque temps la lutte victorieusement, seul et sans appui, comme il l'a fait jusqu'à ces derniers temps. Pour soutenir les intérêts agricoles, il existait plusieurs procédés. On pouvait choisir celui qui paraissait le plus favorable ou le moins difficile à appliquer, ou adopter une combinaison mixte entre les divers systèmes proposés, à l'exemple des gens qui s'assurent contre l'incendie auprès de plusieurs compagnies d'assurances à la fois.

Une autre marche a été suivie, et les respectueuses remontrances de l'agriculture n'ont point trouvé pour les accueillir de lit de justice national. Les industriels et les commerçants ont leurs chambres de commerce électives. Pourquoi l'agriculture n'a-t-elle pas les siennes? Comment peut-on lui refuser d'accéder au vœu émis tant de fois, et récemment encore, par la Société des agriculteurs de France (1). Rede-

(1) Séance du 1er mars 1881.

mandons avec elle que la représentation de l'agriculture soit organisée conformément aux principes de la loi du 25 mars 1851, votée sous la république de 1848.

Mais toutes les fois que l'agriculture fait entendre ses réclamations, on semble l'accuser de demander l'aumône : c'est le droit et l'équité qu'elle réclame. D'ailleurs, c'est elle qui, depuis vingt ans, aurait plutôt fait l'aumône à l'industrie ; elle n'est plus assez riche désormais pour s'accorder ce luxe de bienfaisance et de désintéressement.

Dans le cas où l'on ne voudrait pas tendre une main fraternelle à l'agriculture, et où resterait plus ou moins démontrée l'impossibilité d'établir soit des droits protecteurs, soit un dégrèvement efficace, alors notre dernier recours serait de nous cantonner sur le terrain du droit commun et de l'équité, et d'y demeurer inébranlables en réclamant en toute occasion l'égalité de traitement, soit dans la protection, soit dans le libre échange.

Si c'est le système protecteur, fiscal ou compensateur qui l'emporte, alors qu'il s'applique à tout le monde, aux campagnes comme aux villes. Dès qu'une branche du travail national est protégée, que les autres le soient aussi; c'est le droit strict. D'ailleurs, l'agriculture ne réclame même pas sur ce point une égalité absolue, communiste et brutale : *summum jus, summa injuria;* elle ne demande, jusqu'à nouvel ordre, qu'une égalité proportionnelle, féconde, admettant une certaine élasticité et des concessions rationnelles. Elle consent à accepter quelque inégalité partielle dans la protection commune. Mais elle ne doit pas céder sur le principe fondamental de l'égalité devant l'impôt de douane ou autre. Car l'inacceptable, c'est l'inégalité extrême et systématique de la protection pour les uns et de la concurrence écrasante pour les autres.

On objecte les difficultés diplomatiques des traités de commerce internationaux. L'étranger, dit-on, nous menacerait de représailles en fait de protection, lui qui déjà nous refuse la réciprocité dans la liberté. L'idée de se soumettre à d'aussi fâcheuses conditions alarme et indispose bien des esprits.

Il faudrait au moins que les produits agricoles ne fussent pas compris dans les traités à conclure.

Si c'est le système libre-échangiste qu'on adopte, que le libre échange soit appliqué à tout le monde également. Les agriculteurs réclament pour eux le même traitement que pour les autres; que nos honorables adversaires en fassent autant. Les conditions du défi seraient de demander l'essai loyal du libre échange univérsel, égalitaire, complet, pour une période de cinq à dix ans. Nous n'en mourrions probablement pas; cela nous donnerait au moins la vie à bon marché pendant ce temps, et ferait voir si ce bon marché n'est pas payé trop cher : l'épreuve serait décisive. Sur cette question de l'égalité économique dans un sens ou dans l'autre, l'alliance et l'appui des économistes, des hommes politiques libéraux, libre-échangistes ou non, manqueront-ils aux intérêts agricoles? Certes l'agriculture ne sera pas abandonnée dans sa défense sur le terrain classique de l'égalité, car l'égalité civile devant l'impôt prime même le principe de l'égalité politique.

Ne pourrait-on pas trouver un *modus vivendi* par lequel s'établissent une communauté et une solidarité rationnelles dans les avantages ou les sacrifices que la situation générale comporte? En tous cas, le *statu quo* est impossible à tolérer. Jusqu'ici les manufactures, l'industrie et les ouvriers des villes ont joui à la fois du libre échange alimentaire et de la haute protection industrielle ; ce privilége vient de leur être renouvelé presque intégralement. Une telle injustice à peine adoucie ne saurait durer. Reconnaissons que de grands industriels ont loyalement fait ce qu'ils ont pu pour qu'elle cessât (1). C'est aux économistes et aux gouvernants à expliquer à la démocratie urbaine que la démocratie rurale, plus nombreuse, quoique moins bruyante, peut justement réclamer l'égalité au nom de la fraternité et de la solidarité, ou une compensation équivalente à l'abandon de son droit. Perpétuer le régime de l'inégalité actuelle serait dresser en face

---

(1) Discours de M. Pouyer-Quertier et d'autres orateurs au Sénat et à Chambre.

l'une de l'autre deux démocraties hostiles au sein de la France divisée en deux camps, les villes et les campagnes.

Ce n'est pas au combat, mais à la conciliation que l'on doit s'efforcer d'amener les intérêts rivaux et opposés. Il s'agit des destinées de la nation entière, et le dévoûment patriotique de tous ne sera pas superflu pour nous faire surmonter, sans trop de dommages, les difficultés présentes.

Mais, dira-t-on, comment conclure? La réponse est trop facile : le moment des conclusions pratiques est passé; il ne reste qu'à protester en réservant l'avenir, car l'état actuel ne saurait être considéré comme définitif. Tel qu'il est voté, le tarif général des douanes atteint le double but suivant : tout pour la vie alimentaire à bon marché, tout pour les gros salaires et les gros profits des populations urbaines, rien pour les populations agricoles.

Nous allons continuer à voir fonctionner parallèlement deux régimes économiques contradictoires, s'appliquant à deux classes spéciales du pays coupé en deux. D'une part, les agriculteurs livrés à la concurrence étrangère sous le régime de la liberté commerciale, complète et absolue sur certains points, ou dérisoirement sauvegardés par des droits fiscaux de 2 à 3 pour 100; de l'autre côté, les industriels protégés par des taxes variant de 20 à 40 pour 100.

On invoque sans cesse le droit des majorités si minimes qu'elles soient; mais la majorité c'est nous, ruraux, qui la formons comme nombre de producteurs, et comme nombre de consommateurs de ces produits industriels dont le renchérissement factice est provoqué par la protection douanière.

L'agriculture, qui ne voulait faire de tort à personne, se trouvera donc poussée dans le camp libre-échangiste, puisque désormais elle a tout à perdre sous le régime d'une protection partielle. Mieux vaudrait pour elle le libre échange sincère, malgré ses périls, que l'inégalité ruineuse qui lui est infligée.

Un moyen unique d'indemnité ou de compensation resterait encore à lui offrir; ce serait un large et prompt dégrèvement dont l'esquisse, fort superficielle, a été tracée dans les pages précédentes. Nous n'avons certes pas la prétention de dicter aux pouvoirs publics une solution précise, et encore moins celle de rédiger des projets de loi. Notre but a été de résumer la polémique générale sur la question, et de démontrer qu'aucune théorie scientifique, ni aucune raison d'équité ou de légalité, ne s'opposent aux légitimes revendications de l'agriculture; nous avons essayé de signaler de nombreuses et importantes contradictions, comme de répondre aux divers arguments énoncés; il ne nous appartient plus que d'exprimer des regrets.

Demeurant dans un rôle correct de témoin anxieux et de critique attentif, nous laissons les responsabilités à qui de droit. La situation reste grave et douloureuse; il y avait là évidemment un grand devoir de justice et de prévoyance à remplir; ce devoir a-t-il été rempli?

Pendant que s'achevait cette publication, le *Census Office*, ou bureau de recensement des États-Unis, communiquait au public, sur la production agricole de l'Union, des renseignements et des chiffres officiels qui témoignent des progrès formidables de l'agriculture américaine et justifient pleinement ce que nous avons avancé à ce sujet. Nous empruntons le résumé de ces documents authentiques au journal *La Nation* de New-York.

En 1869, la récolte du froment s'était élevée à 287 millions de boisseaux (chiffres ronds) ou 96 millions d'hectolitres.

En 1879, elle a atteint 459 millions de boisseaux ou 153 millions d'hectolitres.

De 1869 à 1879, l'accroissement pour la production du blé est donc de 60 p. 100.

Dans la même période décennale, la production de l'avoine monte de 45 p. 100, celle des orges de 48 p. 100.

La production du maïs offre des résultats encore plus remarquables. En 1869, elle atteignait déjà 761 millions de boisseaux ou 254 millions d'hectolitres. En 1879, elle dépasse la somme énorme de 1 milliard 773 millions de boisseaux ou 591 millions d'hectolitres. L'augmentation est de 133 p. 100.

Les chiffres fournis par le *Census Office* constatent un progrès sans précédent. En effet, la production générale des céréales qui n'avait augmenté que de 12 p. 100 pendant la décade antérieure, s'est accrue dans ces dix dernières années de près de 100 p. 100 (blé et maïs ensemble). Durant le même laps de temps, l'accroissement de la population n'a été que de 30 p. 100. La production se trouve donc fort en avance sur la consommation.

La part proportionnelle de chaque habitant s'est considérablement augmentée, surtout pour le blé et le maïs, c'est-à-dire pour les deux éléments principaux du pain. En effet, l'évaluation par tête qui, en 1869 donnait 7 boisseaux 4 dixièmes ou 2 hectolitres 1/2 environ, atteint en 1879 le chiffre de 9 boisseaux 9 dixièmes ou plus de 3 hectolitres.

En ce qui concerne le maïs, la moyenne par tête a presque doublé. De 19 boisseaux 7 dixièmes ou 6 hectolitres 1/2, elle a monté à 35 boisseaux 4 dixièmes ou 11 hectolitres 1/2.

La consommation de froment par tête et par an est généralement estimée à 4 1/2 ou 5 boisseaux, soit environ 1 hectolitre 1/2. En 1879, la récolte du froment était donc près du double de la consommation intérieure, et il restait presque la moitié de la récolte disponible pour l'exportation, soit au moins 200 millions de boisseaux ou 67 millions d'hectolitres.

Le rendement moyen du froment dans les régions bien cultivées des États de la Nouvelle-Angleterre et des États du Centre est de 14 boisseaux 7 dixièmes par acre, ou 12 hectolitres par hectare. Dans le sol fertile des contrées de l'Ouest, la moyenne n'est que de 13 boisseaux 5 dixièmes par acre ou 11 hectolitres par hectare. Les États et les territoires du Pacifique donnent les plus forts rendements, soit en moyenne 18 boisseaux 9 dixièmes par acre, ou 15 hectolitres 1/2 par hectare. Le minimum se rencontre dans le Sud où la moyenne n'est que de 6 boisseaux 6 dixièmes par acre, soit 5 hectolitres 1/2 par hectare.

Dans le Dakota, le Kansas, le Nebraska et l'Iowa, dont le sol est vierge et dont on pourrait attendre de grosses récoltes de froment, la production de cette céréale n'est que de 9 boisseaux par acre ou 7 hectolitres 1/2 par hectare. Seul l'Iowa donne un peu plus : 10 boisseaux par acre ou 8 hectolitres à l'hectare. Il y a lieu de penser que la faiblesse de cette moyenne est due à la culture fort imparfaite encore des vastes fermes qui se partagent presque toute la superficie de ces États.

Quant au maïs, ce sont les États de l'Ouest qui présentent la plus forte moyenne, soit 35 boisseaux à l'acre ou 29 hectolitres par hectare. Celle des États de la Nouvelle-Angleterre et du Centre n'est que de 31 boisseaux par acre ou 25 hectolitres 1/2 par hectare ; celle des territoires ne dépasse pas 22 boisseaux par acre, ou 18 hectolitres à l'hectare, et enfin celle du Sud n'est que de 15 boisseaux par acre ou 12 hectolitres 1/2 par hectare (1).

En résumé, les Américains ont produit en 1879 presque le double de leur nécessaire, rien que pour le froment, et ils ont pu ainsi exporter une quantité de blé presque égale à la consommation de leurs 50 millions d'habitants. La récolte pourrait donc diminuer d'un cinquième, d'un quart, ou même d'un tiers dans les mauvaises années aux États-Unis qu'il y resterait encore un superflu suffisant pour alimenter une exportation considérable. On constate également un colossal superflu de maïs, employé à nourrir et à engraisser un innombrable bétail de toute espèce, dont la production est aussi fort au-dessus des besoins de la consommation locale. Si les dix années qui vont suivre voient se réaliser des progrès égaux à ceux de la dernière décade, ou même moitié moindres, la culture européenne fera bien de se préparer à une lutte redoutable et acharnée.

(1) *La Nation* de New-York, du 23 juin 1881, p. 443.

Paris. — Imp. de l'*Etoile*, Boudet, directeur, rue Cassette, 1.

LIBRAIRIE GUILLAUMIN ET C°

Dernières Pub'cations.

Philosophie de la science économique, par Mariano Cabreras y Gonzalez, professeur à l'Institut de Saint-Isidore à Madrid, avec un prologue de M. Sanromó, ancien conseiller d'État. Prix.   8 fr.

Le bien et la loi morale, par Mme Clémence Royer. 1 vol. in-18, Prix.   3 fr. 50

Histoire abrégée de la législation sur la Société littéraire avant 1789, par M. Malapert. Br. in-8. Prix.   2 fr.

Manuel de morale et d'économie politique, par M. J.-J. Rapet, inspecteur général de l'instruction publique. Ouvrage qui a remporté le prix extraordinaire de 10,000 fr. proposé par l'Académie des sciences morales et politiques. 4e édition. 1 vol. in-18. Prix.   3 fr. 50

Théorie générale de l'État, par M. Bluntschli, docteur en droit, professeur ordinaire à l'Université d'Heidelberg, traduit par De Riedmatten, docteur en droit. 2e édit. 1 vol. in-8. Prix.   8 f.

Histoire des Banques en France, par M. Alph. Courtois fils. 2e édition, avec un portrait de Law. 1 vol. in-8. Prix.   8 fr. 50

Le Droit international théorique et pratique, précédé d'un exposé historique des progrès de la science du droit des gens, par M. Ch. Calvo, ancien ministre. 4 vol. grand in-8. Prix.   60 fr.

Les magasins généraux considérés spécialement comme institution de crédit, par M. Paul Auger. 1 vol. in-8. Prix.   4 fr.

LIBRAIRIE AGRICOLE DE LA MAISON RUSTIQUE

Lavergne (de). — **Économie rurale de la France depuis 1789.** 1 vol. in-18 de 490 pages.   3 fr. 50

    — **Essai sur l'économie rurale de l'Angleterre, de l'Écosse et de l'Irlande.** 1 vol. in-18 de 480 pages.   3 fr. 50

    — **L'Agriculture et la Population.** 1 vol. in-18 de 472 pages. Prix.   3 fr. 50

    — **L'Agriculture et l'Enquête.** Grand in-8 de 48 pages. 1 fr.

Lecouteux (Ed.). — **Cours d'économie rurale.**

Tome Ier. La situation économique : les richesses sociales, la population, la propriété, la terre, le capital, l'État, le régime agricole, industriel et commercial.

Tome II. Constitution des entreprises agricoles. L'entrepreneur, le domaine, les forces motrices, le travail, le bétail, les engrais, le capital d'exploitation, les systèmes de culture. Les entreprises de culture intensive et extensive, les défrichements de landes, les entreprises viticoles; administration et comptabilité de l'entreprise.

    2 vol. in-18 ensemble de 984 pages.   7 fr.

Dombasle (de). — **Annales de Roville, ou Mélanges d'agriculture, d'économie rurale et de législation agricole.** 9 vol. in-8.   64 fr. 50

    — **Économie générale**, intervention des pouvoirs publics, économie générale du personnel, des bâtiments ruraux (tome 1er du *Traité d'agriculture*). 1 vol. in-8 de 410 pages. Prix.   6 fr.

    — **Comptabilité agricole** (tome 5 du *Traité d'agriculture*). 1 vol. in-8 de 654 pages.   10 fr.

    — **Économie politique et agricole**, études sur le commerce international dans ses rapports avec la richesse des peuples, et sur l'organisation du travail. In-18 de 196 pages.   1 fr. 50

    — **Écoles d'arts et métiers.** In-18 de 104 pages.   1 fr.